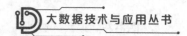
大数据技术与应用丛书

大数据导论

（通识版）

任艳丹 许桂秋 魏化永◎主 编

张 玲 熊冬春 何雪峰 赖联锋◎副主编

U0300044

人民邮电出版社

北 京

图书在版编目（CIP）数据

大数据导论：通识版 / 任艳丹，许桂秋，魏化永主编. -- 北京：人民邮电出版社，2024.8
（大数据技术与应用丛书）
ISBN 978-7-115-64194-6

Ⅰ. ①大… Ⅱ. ①任… ②许… ③魏… Ⅲ. ①数据处理 Ⅳ. ①TP274

中国国家版本馆CIP数据核字(2024)第071385号

内 容 提 要

本书共 5 篇，分别是认知篇、前沿篇、应用篇、实践篇和管理篇。认知篇介绍大数据的发展历程、数据的价值、大数据的主要特征、大数据产业、大数据思维原理，以及应用案例。前沿篇从云计算、物联网、人工智能等领域出发，分别介绍大数据技术在其中的应用和发展。应用篇介绍大数据技术在电子商务、物流，以及生物医学、城市管理等领域的应用形态、应用模式和应用案例。实践篇以淘宝"双 11"和小红书 App 这两个典型应用为例，介绍大数据处理的流程，包括采集、预处理、分析、可视化等内容。管理篇从大数据安全和大数据伦理的角度分析大数据技术的应用和所面临的问题。

本书适合作为高等院校大数据通识课、选修课的教材，也适合对大数据技术和产业感兴趣的读者阅读。

◆ 主　　编　任艳丹　许桂秋　魏化永
　　副主编　张　玲　熊冬春　何雪峰　赖联锋
　　责任编辑　张晓芬
　　责任印制　马振武
◆ 人民邮电出版社出版发行　　北京市丰台区成寿寺路 11 号
　　邮编　100164　　电子邮件　315@ptpress.com.cn
　　网址　https://www.ptpress.com.cn
　　三河市祥达印刷包装有限公司印刷
◆ 开本：787×1092　1/16
　　印张：12.75　　　　　　　2024 年 8 月第 1 版
　　字数：285 千字　　　　　　2024 年 8 月河北第 1 次印刷
　　　　　　　　定价：59.80 元
读者服务热线：(010)53913866　印装质量热线：(010)81055316
反盗版热线：(010)81055315

前言

随着信息技术的飞速发展和数字化智能时代的全面来临，ChatGPT 等大模型异军突起，人工智能已经呈现突破性的发展，科技的迭代更新速度越来越快，这一切都源于"大数据""大算法""大算力"的推动。大数据作为智能社会的基座，其价值越来越被大家所认可。大数据已经成为人们生活中不可或缺的一部分。无论是在商业、金融、医疗、政府、交通等领域，还是在日常生活的方方面面，大数据都发挥着越来越重要的作用。本书旨在为读者提供一本全面的、系统的大数据导论通识类图书，帮助读者了解大数据的概念、技术、应用和未来发展趋势，从而更好地应用大数据，推动各领域的发展和创新。

全书共 5 篇，包含 11 个项目，深入浅出地介绍了大数据技术的整体框架和应用场景，并对新技术做了重点阐述，最后讲述了大数据的安全与伦理。本书在编写时考虑了通识性和综合性的要求，每个项目都先给出了相应的导读案例，逐步引入概念和定义，将技术渗透到讲解中，以应用实例加深理解。部分项目最后还安排讨论和习题以及相应的实验操作，以进一步巩固学习效果。

本书可以用作应用型本科和高职院校非计算机与非大数据等相关专业的通识类课程的教材，建议安排课时为 32 课时（理论 24 课时、实践 8 课时），教师可根据学生的接受能力和高校的培养方案选择教学内容。

本书的编写得到了人民邮电出版社的大力支持，受到了郭欣、张明慧等老师的关注和指导，我们在此一并表示感谢！由于编者水平有限，书中难免出现一些疏漏和不足之处，恳请广大读者批评指正。

编者
2024 年 7 月

目录

·认知篇·

·前沿篇·

· 应用篇 ·

·实践篇·

·管理篇·

· 认知篇 ·

项目一　划时代的大数据

　　随着数据时代和智能社会的到来，划时代的大数据正在冲击着人类的生活方式和思维方式，正在把人类变成一种"新的物种"。第一，划时代的大数据改变了人类的思维方式，让人类从因果关系的串联思维变成了相关关系的并联思维。第二，划时代的大数据改变了人类的生产方式，物质产品的生产退居次位，信息产品的加工将成为主要的生产方式。第三，划时代的大数据改变了人类的生活方式，人类的精神世界和物质世界都将构建在大数据之上。如果说过去人类社会的发展是由机械、电力或网络等驱动的，那么现在和未来是大数据驱动的。

　　本章介绍数据的定义、数据的类型、数据的生命周期、数据的价值和使用、大数据的相关技术和大数据创造的新时代、大数据的主要特征和赋能价值、大数据产业及我国的大数据政策。

　　本章主要内容如下。

（1）无处不在的数据。

（2）大数据新时代。

（3）大数据是智能时代的基石。

（4）大数据产业和我国的大数据政策。

导读案例

案例1　ChatGPT：当人工智能遇上自然语言交互

　　要点： 无处不在的数据，推动着人工智能和大数据模型的发展与应用。

　　随着人工智能技术的快速发展，自然语言处理技术也日益成熟。而 ChatGPT 作为一种基于大数据模型的语言生成模型，正引领着自然语言交互技术的发展潮流。下面带你了解 ChatGPT 大模型（简称 ChatGPT）的发展前景以及它的主要应用领域。

首先，ChatGPT 的发展前景令人振奋。随着计算能力的提升和算法的改进，ChatGPT 将变得更加智能和个性化，能够更好地理解复杂的语义和上下文，并生成更加人性化的回复，实现更加自然流畅的对话。

其次，ChatGPT 在各个领域具有广泛的应用前景，其主要应用领域如图 1-1 所示。ChatGPT 可以用于智能客服，为用户提供快速、准确的问题解答和建议；可以用于智慧教育，为学生提供个性化的学习支持；还可以用于文案生成，为用户提供文案编写思路。

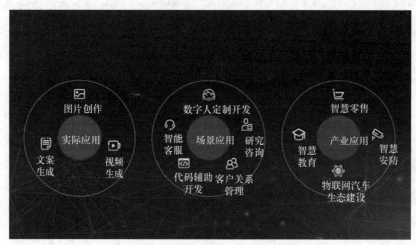

图 1-1　ChatGPT 的主要应用领域

总之，ChatGPT 的发展为自然语言交互提供了前所未有的机会。利用大数据技术和深度学习技术，ChatGPT 能够模拟人类的对话能力，为人类带来更加智能、便捷的交互体验。

1.1　无处不在的数据

1.1.1　数据是什么

数据是对客观事物的性质、状态、相互关系等进行记载的物理符号，是可识别的、抽象的。数据和信息是两个不同的概念。信息是较宏观的概念，由数据有序排列组合而成，传达给受众某个概念、某种方法等。数据则是构成信息的基本单位，零散的数据没有任何实用价值。

数据有很多种类型，比如数字、文字、图像、声音等。随着社会信息化进程的加快，人们的生产和生活每天都在不断地产生大量的数据。数据已经渗透到当今每一个领域，成为重要的生产要素。对企业而言，从创新到所有决策，数据推动着企业的发展，并使各级组织的运营更为高效。可以认为，数据将成为每家企业获取核心竞争力的关键因素。数据资源已经和物质资源、人力资源一样，成为国家的重要战略资源，影响着国家和社会的安全、稳定与发展，因此，数据也称为"未来的石油"。图 1-2 形象地展示了这种情况。

图 1-2 数据是"未来的石油"

1.1.2 数据的类型

常见的数据类型包括文本、图片、音频、视频等。

（1）文本

文本是一种由若干字符构成的计算机文件，常见的格式包括 RTF 和 TXT。

（2）图片

图片指由图形、图像等构成的平面媒体文件。图片的格式有很多种，大体可以分为点阵图和矢量图两大类，常见的 BMP、JPG 等格式的图形属于点阵图，而 Flash 动画制作软件生成的 SWF 格式和 Photoshop 图像处理软件生成的 PSD 格式的图形属于矢量图。

（3）音频

音频指存储声音内容的文件。把音频文件用音频软件播放，就可以还原存储的声音。

音频文件的格式有很多，包括 CD、WAV、MP3、MID、WMA、RM 等。

（4）视频

视频通常指存储各种动态影像的文件，格式包括 MPEG-4、AVI、DAT、RM、MOV、ASF、WMV、DivX 等。

1.1.3 数据的生命周期

所有的数据都存在生命周期，数据的生命周期指数据从创建、修改、发布、利用到归档或者销毁的整个过程。在生命周期的不同阶段，数据的利用价值不同。为了充分发挥存储设备和数据的价值，我们需要对数据的生命周期进行认真分析，为生命周期各阶段的数据选用适合的存储管理方式。

数据的生命周期管理工作主要包括以下几个方面。

（1）对数据进行自动分类，分离出有效的数据，根据数据的类型来制订管理策略，并及时清理无用的数据。

（2）构建分层的存储系统，满足不同类型的数据在生命周期不同阶段的存储要求，对关键数据进行备份保护，将处于生命周期末期阶段的数据进行归档并保存在适合长期存储的设备中。

（3）根据不同的数据管理策略，实施自动分层数据管理措施，即自动把生命周期不同阶段的数据存储在最合适的设备上，以提高数据的可用性和管理效率。

1.1.4 数据的价值

数据的价值来源于人们对数据的分析和应用，基于数据的研究已经衍生出很多课题，如大数据、信息化等。通过研究数据，技术人员往往能够看到或推断出很多表面看不到的信息。研究数据的过程就是赋予数据价值的过程。从应用的角度来划分，数据的应用价值可以体现在科研、商业和社会三方面。

（1）科研价值

科研是科技进步的基础，科研活动所取得的每一个进展，都需要基于大量的数据来进行训练、测试和验证。从普遍意义上讲，社会科学研究在研究对象、研究方法、文献资料、技术支持等方面需要大数据的支撑。社会科学研究很重要的一点是依赖数据，而大数据在这方面无疑具有划时代的意义，这也是社会科学研究迅速对大数据应用作出响应的根本原因。

（2）商业价值

数据的商业价值主要体现在大数据和舆情分析方面。例如，对人的行为数据进行分析，从而更精准地提供产品或服务，进而获得更大的商业收益。大数据技术的战略意义不在于掌握庞大的数据信息，而在于对那些含有意义的数据进行专业化处理。换言之，如果把大数据比作一种产业，那么这种产业实现盈利的关键在于提高对数据的"加工能力"，通过"加工"实现数据的"增值"。

（3）社会价值

以数据为基础取得的所有技术进展及成果都会反过来起到造福人类社会的作用，并在造福人类社会的同时推动社会意识形态等的进步。在诸多推动人类社会发展的技术中，大数据技术绝对首当其冲。

1.1.5　数据的使用

日常生活中存在各种各样的数据，那么，如何把数据变得可用呢？

首先，数据清洗。数据分析的第一步都是数据清洗，即把数据变成可用的数据，这个过程需要借助工具来实现，如文本处理工具 AWK、XML 解析器、机器学习库等。此外，编程语言，如 Perl 和 Python，也可以在这个过程中发挥重要的作用。完成数据清洗后，我们要开始关注数据的质量。对于来源众多、类型多样的数据而言，数据缺失和语义模糊等问题是不可避免的，必须采取有效措施进行解决。

然后，数据管理。数据经过清洗后被存储在数据库系统中，进行管理和使用。从 20 世纪 70 年代到 21 世纪 10 年代，在数据库管理系统中，关系数据库一直占据主流地位。它以规范化的行和列的形式保存数据，并提供 SQL 语句进行各种查询操作，同时支持事务一致性功能，很好地满足了各种商业应用需求。随着 Web 2.0 应用的不断发展，非结构化数据开始迅速增加。关系数据库擅长管理结构化数据，对于大规模非结构化数据则显得力不从心，暴露了很多问题。NoSQL 数据库有效地满足了对非结构化数据进行管理的市场需求，使得它得到了迅速发展。

最后，数据分析。存储数据是为了更好地分析数据。分析数据不仅需要借助数据挖掘和机器学习算法，还需要应用相关的大数据处理技术，如分布式存储系统（HDFS）、分布式计算框架（MapReduce）、数据库（MongoDB、Cassandra）、机器学习和人工智能（深度学习神经网络）、数据可视化（Tableau）等技术。

这里以数据仓库为例，演示数据在企业中的应用。为了支持决策分析，大多数企业会构建数据仓库系统。数据仓库系统的架构如图 1-3 所示。数据仓库中存储着大量的历史数据，这些数据来自不同的数据源，通过抽取–转换–加载（Extract Transform Load，ETL）将这些数据加载到数据仓库中，并且不会发送更新。技术人员可以利用数据挖掘和联机分析处理（Online Analytical Processing，OLAP）工具从静态历史数据中找到对企业有价值的信息。

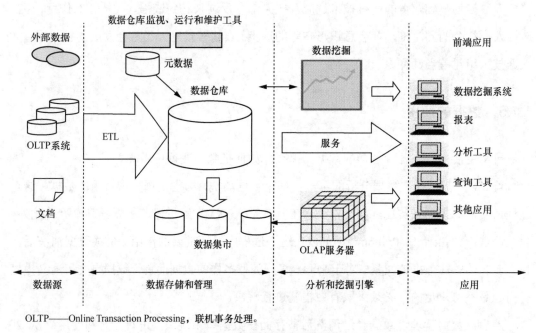

OLTP——Online Transaction Processing，联机事务处理。

图 1-3　数据仓库系统的架构

1.1.6　数据爆炸

人类进入信息社会以后，数据以自然方式增长，其产生不以人的意志为转移。根据 IDC 发布的相关数据，中国数据规模将从 2022 的 23.88 ZB 增长至 2027 年的 76.6 ZB，年均增长速度达到 26.3%，位居全球第一。各种数据产生速度之快、数量之大，让数据爆炸成为大数据时代的鲜明特征。数据爆炸示意如图 1-4 所示。

图 1-4 数据爆炸示意

在数据爆炸的时代，人们一方面对知识充满渴求，另一方面对数据的复杂特征感到困惑。数据爆炸对科学研究提出了更高的要求，即需要人类设计出更加灵活且高效的数据存储、处理和分析工具。数据爆炸必将带来云计算、数据仓库、数据挖掘等技术和应用的提升或者根本性改变；在存储方面，要实现低成本的大规模分布式存储；在网络方面，要实现及时响应的用户体验；在数据中心方面，要开发更加绿色节能的新一代数据中心，在有效满足大数据处理需求的同时，实现最大化资源利用率、最小化系统耗能的目标。

1.2 大数据新时代

第三次信息化浪潮涌动，大数据时代全面开启。人类社会信息科技的发展为大数据时代的到来提供了技术支撑，而数据产生方式的变革是促进大数据时代到来至关重要的因素。

1.2.1 第三次信息化浪潮

1981 年，全球第一台个人计算机诞生，这标志着信息化迎来了第一次浪潮，也就是以数字化为主要特征的自动化阶段。1992 年，美国提出了"信息高速公路"，这标志着信息化进入了第二次浪潮，也就是以互联网应用为主要特征的网络化阶段。2010 年以后，信息爆炸，信息量呈几何增长。随着物联网、人工智能、云计算、大数据等技术的发展，人们逐渐拥有了对海量数据的处理能力，于是信息化迈入了第三次浪潮——大数据时代的数据智能时代。智能化需要应用各种人工智能技术（如机器学习、自然语言处理、计算机视觉等），对企业中的数据进行分析和挖掘，从而实现业务流程的优化和升级。

1.2.2　大数据技术

当今信息技术发展迅猛，大量数据不断涌入，大数据技术应运而生。大数据技术是一种对海量数据进行存储、管理和分析，进行有效提取和处理，以获得有价值的信息的技术。大数据技术可以分为三大类，即存储技术、处理技术和分析技术。存储技术指对大数据进行存储的技术，其中包括分布式存储技术、集群存储技术、云存储技术等。处理技术指对大数据进行处理的技术，其中包括分布式计算技术、并行计算技术、虚拟化技术等。分析技术指对大数据进行分析的技术，其中包括机器学习技术、模式识别技术、数据挖掘技术等。

随着互联网和物联网的快速普及，大数据技术已经成为当今社会炙手可热的技术之一。大数据、云计算、人工智能和区块链已经产生了密不可分的关系，它们之间的关系如图 1-5 所示。

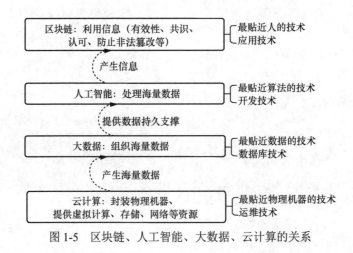

图 1-5　区块链、人工智能、大数据、云计算的关系

由于大数据的采集、存储和计算的量都非常大，因此大数据需要特殊的技术，以有效地处理大量的数据。云计算技术将大数据的存储、处理和分析功能移到云端，通过弹性计算和即付即用的方式，提供数据处理服务。云计算技术解决了传统数据处理方式的成本和性能问题。具体来说，云计算技术提供了分布式处理的功能。对于大规模的数据处理，它能够提供效率极高的计算和存储服务，这使得在大数据领域中，云计

算成为处理大数据的一种最优解决方案。可以认为，大数据技术驱动了云计算技术的发展。

人工智能技术是大数据技术驱动发展的一项重要技术。它通过对数据的分析和挖掘，实现对数据的智能处理和利用。大数据技术为人工智能提供了广泛的应用空间。ChatGPT和生成式人工智能（Artificial Intelligence Generated Content，AIGC）就是人工智能的典型代表。人工智能通过对大量数据的学习和训练来进行模型的构建和优化，从而实现更加准确的预测和判断。例如，在金融领域，大数据技术可以帮助银行实现对客户的精准推销和风险控制；在医疗领域，大数据技术可以对大量的医疗数据进行分析和挖掘，为临床医生提供有效的辅助决策。

随着信息化的发展，大数据技术呈现新的发展趋势，即更加注重安全性（从原有的静态安全性扩展到动态安全性），从而更好地保护数据。区块链技术是一种基于分布式账本技术的去中心化技术，它通过将交易记录计入区块链，实现数据的安全存储，并保证数据的不可篡改性和安全性。区块链技术的出现解决了大数据时代存在的数据安全性问题。例如，在供应链领域中，区块链技术可以记录供应链中的各种交易数据和物流信息，确保数据的可追溯性和安全性。同时，区块链技术还能够对数据被篡改或删除等操作做到自动监控和报警。

总体来说，大数据技术能够将大规模数据中隐藏的信息挖掘出来，为人类社会经济活动提供依据，提高各个领域的运行效率，甚至整个社会经济的集约化程度。

1.2.3 大数据创造新时代

随着计算机和互联网的广泛应用，人类产生的数据量呈爆炸式增长。中国已成为全球数据类型相当丰富的国家之一。当今世界正经历百年未有之大变局，以信息技术和数据作为关键要素的数字经济成为全球新一轮科技革命和产业变革的重要引擎。全球数字经济加速发展，将开启人类数字文明新时代，因此，在实现中华民族伟大复兴的历史征程上，必须抢占国际竞争制高点和未来发展先机，牢牢抓住数字化这个核心驱动力，要深刻把握数字经济发展趋势和规律，推动数字经济健康发展，高质量建设"数字中国"。

（1）全球数字经济加速发展，开启人类数字文明新时代

数字技术以新理念、新业态、新模式全面融入经济、科技、政治、文化、社会、生态

文明诸多领域，在提高生产力水平、极大丰富社会物质财富的同时，也正在快速塑造新的人类文明形态——数字文明。数字文明是一种基于大数据、人工智能、云计算、物联网、区块链等技术，以高科技为主要特征的文明形式，核心是网络化、信息化与智能化的深度融合。

（2）中国数字经济实现跨越式发展，将形成数字经济发展新趋势

发展数字经济是把握新一轮科技革命和产业变革新机遇的战略选择。我国高度重视发展数字经济，实施网络强国战略和国家大数据战略，拓展网络经济空间，支持基于互联网的各类创新，推动互联网、大数据、人工智能和实体经济深度融合，建设数字中国、智慧社会，推进数字产业化和产业数字化，打造具有国际竞争力的数字产业集群。我国数字经济发展较快、成就显著。

（3）大数据产业激活数据要素潜能，数据中心夯实智慧城市"底座"

数字经济时代，数据是重要的生产要素和战略资源。大数据产业作为以数据生成、采集、存储、加工、分析、服务为主的战略性新兴产业，是激活数据要素潜能的关键支撑、加快经济社会发展质量变革、效率变革、动力变革的重要引擎。

智慧城市的实现需要以数据共享与治理为基础，城市大数据中心就是实现数据共享与治理的核心引擎，承担着为智慧城市建设夯实数字"底座"的重要作用。智慧城市建设从网络化、数字化迈向智能化，城市大数据中心打通各行业的数据壁垒，加速信息资源整合应用，通过数据汇集全面融合城市业务，支撑城市稳定有序运行，提升城市居民智慧生活体验、城市治理现代化水平、公共服务能力，支撑并促进产业结构升级和发展模式创新。

（4）大力促进数字贸易发展，助力"数字丝绸之路"建设

全球数字经济是开放和紧密相连的整体，合作共赢是唯一正道，封闭排他、对立分裂只会走进死胡同。一直以来，中国积极推动数字经济领域的全球交流合作，以更加开放的姿态融入全球数字经济发展，高质量建设数字丝绸之路。2023 年是共建"一带一路"倡议提出的十周年。这 10 年来，中国的"朋友圈"持续扩大、基础设施互联互通水平显著提升、中国与共建"一带一路"国家在互联网、大数据、人工智能、智能制造等领域交流互鉴的通道发展壮大。

综上所述，中国正以前所未有的速度，迎来这个崭新的时代，大数据已成为推动中国创新发展的强劲引擎。

1.3 大数据是智能时代的基石

1.3.1 大数据的主要特征

随着大数据时代的到来，"大数据"已经成为互联网信息技术行业的流行词汇。大数据的数据层次特征是先被整个大数据行业所认识并定义的，其中最为经典的是所谓的大数据 "4V" 特征，它是从数据角度归纳的 4 个特征：数据量大（Volume）、数据类型繁多（Variety）、处理速度快（Velocity）、价值密度低（Value）。

（1）数据量大。大数据的数据量是惊人的。随着技术的发展，各行各业的数据量开始爆发性增长，达到太字节（TB）甚至拍字节（PB）级别。例如，淘宝网平常每天的商品交易数据约在 20 TB（1 TB = 1024 GB），全球最大社交平台脸书（Facebook）每天产生的日志数据超过 300 TB（日志数据是记录用户操作记录的，并非发帖内容）。如此庞大的数据量，是无法通过人工处理的，而是需要智能的算法、强大的数据处理平台和新的数据处理技术来处理。

（2）数据类型繁多。大数据的数据来源众多，科学研究、企业应用和 Web 应用等都在源源不断地生成新的类型繁多的数据：生物大数据、交通大数据、医疗大数据、电信大数据、电力大数据、金融大数据等。各行各业，每时每刻，都在不断生成各种类型的数据（如图 1-6 所示）。大数据的数据类型虽然非常丰富，但是可以分成两大类，即结构化数据和非结构化数据，其中，结构化数据占 10%左右，主要指存储在关系数据库中的数据；非结构化数据大约占 90%，种类繁多，主要包括邮件、音频、视频、微信、微博、位置信息、链接信息、手机呼叫信息、网络日志等。

（3）处理速度快。大数据的处理速度非常快，可以从各种类型的数据中快速获得高价值的信息，这是因为大数据的处理技术通常采用分布式系统、并行计算等技术。这些技术可以在短时间内处理大量的数据，满足实时分析和决策的需求。

（4）价值密度低。大数据在价值密度方面远远低于传统关系数据库中已有的数据。在大数据时代，很多有价值的信息是分散在海量数据中的。以图 1-7 所示的小区监控摄像头为例，这些摄像头连续不断产生的数据通常是价值很低的。当发生了偷盗、高空抛物等意外事件时，也只有记录了事件过程的那一小段视频是有价值的。但是，为了能够获得意外事件发生时的那一段宝贵的视频，人们不得不投入大量资金购买监控设备、网络设备、存储设备，耗费电能和存储空间，以保存摄像头连续不断传来的监控数据。综上所述，大数据的价值密度是比较低的。

图 1-6　大数据类型繁多

图 1-7　小区监控摄像头

1.3.2 大数据的赋能价值

大数据的赋能价值是巨大的。大数据技术可以帮助企业和组织从海量数据中提取有价值的信息，进而支持企业和组织在决策、优化运营、提高效率、创新产品和服务等方面的工作。以下是大数据赋能的几个典型价值点。

（1）数据驱动决策：大数据分析可以帮助企业了解市场趋势、消费者的行为和需求，提供决策支持。基于大数据的预测模型和算法可以预测销售趋势、优化供应链、降低成本等。

（2）提高运营效率：大数据技术可以帮助企业分析和优化运营过程，提高资源利用率、降低成本。通过对供应链的数据分析，可以实现更精确的库存管理和订单处理，减少库存积压和订单时延。

（3）个性化营销：大数据分析可以帮助企业更好地了解用户需求和偏好，实现个性化营销。通过挖掘用户的行为数据和社交媒体数据，企业可实现精准定位和个性化推荐，提高营销效果和用户满意度。

（4）产品创新和优化：大数据可以帮助企业分析产品使用数据和反馈信息，了解用户对产品的需求和评价。这样的数据可以用于产品创新和改进，提高产品质量和用户体验。

（5）风险管理和安全防护：大数据分析可以帮助企业及时发现和预测潜在风险，包括市场风险、供应链风险、网络安全风险等。通过对大数据的监控和分析，企业可以减少损失和提高安全性。

总之，大数据赋能可以帮助企业更好地理解市场和用户，提高运营效率，推动创新和改进，降低风险，从而增强竞争力和可持续发展能力。

1.3.3 现代社会的基石

（1）大数据是人工智能的基石

人工智能系统需要大量的数据进行学习和训练，才能够理解和解决复杂的问题，而大数据技术通过收集、存储和分析大量的数据，为人工智能提供必要的数据资源和知识基础。同时，大数据也为人工智能提供了准确和全面的信息，使人工智能系统能够更好地理解和预测人类行为和需求。通过分析大数据，人工智能系统可以发现隐藏在数据中的模式和规律，从而提供更精确和个性化的服务。此外，大数据技术还提供了人工智能系统和外部环境进行交互和合作的能力，从而实现与人类、其他设备和系统的智能交互和协助。大数据是人工智能的基石示意如图1-8所示。

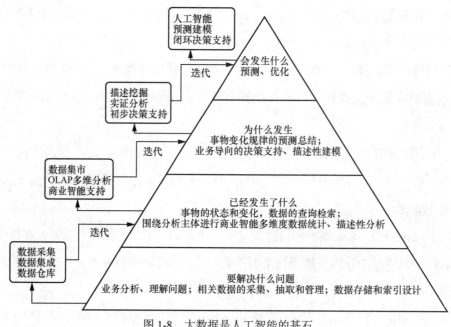

图1-8　大数据是人工智能的基石

（2）科学大数据——国家大数据战略的基石

科学大数据对于实现国家大数据战略具有重要意义。首先，科学大数据是国家科技创新的重要基础，可以为科学研究提供强有力的数据支持。其次，科学大数据可以促进跨学科交叉融合，推动多学科协同创新。此外，科学大数据还可以为经济社会发展提供科学决策依据，推动数字化转型和高质量发展。

总之，科学大数据是实现国家大数据战略的重要基石之一，需要在政策、资金、人才等多个方面给予支持和保障，以推动国家在科学大数据领域取得更大的发展和突破。

（3）大数据是现代经济体系的基石

大数据在现代经济中起到了至关重要的作用，它不仅是新的生产要素，更是推动经济社会发展质量变革、效率变革和动力变革的关键引擎。随着人类社会进入信息化3.0阶段，信息技术已经从辅助各行业领域发展的工具转变为引领社会经济发展的核心引擎。大数据思维价值、经济价值和赋能价值的挖掘和释放，为数字经济的爆发式增长提供了强大的驱动力。在这个背景下，数据已经成为全球经济增长的核心动力，各国都将数据要素视为核心战略。数字经济作为继农业经济和工业经济之后的新经济形态,其关键要素是数据资源。我国政府将数据列为生产要素,通过数字技术、基础设施和数据在未来几年助推经济增长和技术创新,释放数据要素价值,实现数字技术与实体经济的深度整合,不断做强做优做大数字经济,打造经济发展新动能。

1.4 大数据产业和我国的大数据政策

1.4.1 大数据产业

大数据产业指一切与支撑大数据组织管理和价值发现相关的企业经济活动的集合。大数据产业链包括 IT 基础设施层、数据源层、数据管理层、数据分析层、数据平台层和数据应用层,具体见表 1-1。

表 1-1 大数据产业链

产业链环节	内容
IT 基础设施层	包括提供硬件、软件、网络等基础设施,以及提供咨询、规划和系统集成服务的企业,比如,提供数据中心解决方案的 IBM、惠普、戴尔等,提供存储解决方案的 EMC,提供虚拟化管理软件的微软、思杰、SUN、Red Hat 等
数据源层	大数据生态圈的数据提供者,是生物(生物信息学领域的各类研究机构)大数据、交通(交通主管部门)大数据、医疗(各大医疗、体检机构)大数据、政务(政府部门)大数据、电商(淘宝、天猫、京东、拼多多等)大数据、社交网络(微博、微信、QQ 等)大数据、搜索引擎(百度、谷歌等)大数据等各种数据的来源
数据管理层	包括提供数据抽取、转换、存储、管理等服务的各类企业或产品,如分布式文件系统(如 Hadoop 的 HDFS 和谷歌的 GFS)、ETL 工具(Information、Kettle 等)、数据库和数据仓库(Oracle、MySQL、SQL Server、HBase)等
数据分析层	包括提供分布式计算、数据挖掘、统计分析等服务的各类企业或产品,如分布式计算框架(MapReduce)、统计分析软件(IBM SPSS Statistics 和 SAS)、数据挖掘工具(WEKA)、数据可视化工具(Tableau)、BI 工具(BO)等
数据平台层	包括提供数据分享平台、数据分析平台、数据租赁平台等服务的企业,如阿里巴巴、谷歌、中国电信、百度等,以及相关产品
数据应用层	提供智能交通、智慧医疗、智能物流、智能电网等行业应用的企业、机构或政府部门,如交通主管部门、各大医疗机构、菜鸟网络、国家电网等

1.4.2　我国的大数据政策

近几年我国政府愈加重视数字技术在社会发展中的重要作用，发布了多项和大数据相关的政策，包括《数字中国建设整体布局规划》《全国一体化政务大数据体系建设指南》等。这些政策旨在推动数字经济发展，加强数字化基础设施建设，提高数字化治理水平，同时保障数据安全和隐私权益。

《数字中国建设整体布局规划》提出了"2522"的整体框架，即夯实数字基础设施和数据资源体系"两大基础"，推进数字技术与经济、政治、文化、社会、生态文明建设"五位一体"深度融合，强化数字技术创新体系和数字安全屏障"两大能力"，优化数字化发展国内国际"两个环境"。

《全国一体化政务大数据体系建设指南》提出了到2025年，建成全国一体化政务大数据体系，具备数据目录管理、数据归集、数据治理、大数据分析、安全防护等能力，政务数据管理更加高效，政务数据资源全部纳入目录管理。

这些政策的出台和实施将有助于推动我国数字经济的快速发展，提高政府管理和服务水平，促进数据的高效流通和利用，同时也加强了对数据安全和隐私的保护，确保数字经济的健康发展。

讨论　举例说明身边可感知到的大数据应用

我们身边可以感知到的大数据应用有很多，比如社交媒体平台。社交媒体平台每天产生大量的数据，例如发布的帖子、点赞、评论、分享等，这些数据被平台收集和分析，用于用户画像、推荐算法、市场营销等方面。请你列举我们生活中可以感知到的大数据应用。

习　　题

1-1　什么是数据？

1-2　谈谈大数据创造的新时代。

1-3　大数据的主要特征有哪些？

1-4　为什么说大数据是人工智能的基石？

实　验

1. 实验主题

了解大数据生态系统。

2. 实验说明

（1）了解大数据的基本概念、发展历程和应用领域。

（2）了解大数据生态系统的构成和各个部分的作用。

（3）了解大数据在企业和组织中的价值和应用场景。

3. 实验内容

（1）收集并阅读相关文献和资料

收集有关大数据基本概念、发展历程、应用领域等方面的文献和资料，如学术论文、行业报告、案例分析等。阅读并理解这些资料，了解大数据的基本概念和实际应用。

（2）研究大数据生态系统

研究大数据生态系统的构成和各个部分的作用。了解大数据生态系统包括的硬件基础设施、数据处理和分析工具、数据存储和管理工具、数据安全和隐私保护工具等。

（3）了解大数据在企业和组织中的应用场景

了解大数据在企业和组织中的典型应用场景，例如客户管理、市场分析、生产优化、财务预测等。

（4）分析大数据在企业和组织中的价值

分析大数据在企业和组织中的价值，研究如何利用大数据提高企业组织的效率和竞争力，以及如何解决大数据采集、存储、处理和分析等方面的挑战。

4. 提交文档

根据实验过程中获得的知识和信息，总结实验成果和经验教训，为后续的大数据学习和实践提供参考。

项目二 用大数据思维思考

近年来大数据技术的快速发展深刻改变了人们的生活、工作和思维方式。本章旨在让读者对大数据思维有一个全面的、系统化的认识。一方面，大数据思维能够帮助人们更好地理解和利用数据的价值。大数据思维的引入，强调从数据中探索规律和建立模型，能够帮助人们更准确地了解潜在的关联和趋势，进而作出更科学的决策。另一方面，大数据思维能够帮助人们处理复杂的问题。大数据思维强调对多源数据的整合和分析，能够帮助人们从多个角度看待和解决问题，进而从更全面的视角获取解决方案。此外，大数据思维还能够改善决策的精确性和效率。在数据规模大且复杂的情况下，依靠传统的人工分析方法显然已经无法满足需求。而大数据思维借助计算机的高速计算和机器学习的算法优化能力，能够快速地分析和挖掘海量数据，找到其中的模式和关联，并提供针对性的解决方案。这样不仅可以提高决策的准确性，还能够节约人力和时间成本，提升效率。

随着大数据技术应用的不断深入，大数据思维将在各个领域中发挥越来越重要的作用，对个人、企业和社会的发展产生积极的影响。

本章主要内容如下。

（1）从传统思维到大数据思维，即大数据思维的历史背景。

（2）大数据思维原理。

（3）大数据思维方式，其中包括大数据思维维度、方式和特征。

（4）大数据思维的应用案例。

导读案例

案例2 北京航空航天大学学生处学生大数据中心发布新生"平均脸"

要点：大数据时代，人类社会面临的问题之一就是如何更好地利用大数据解决，这离不开大数据思维。

　　北京航空航天大学发布的 2021 级本科男女新生"平均脸"的两张头像引发关注，这两张头像由上千张面孔叠加而成，如图 2-1 所示。概括来说，这两张脸就是北京航空航天大学 2021 级每一个新生的长相。

图 2-1　新生"平均脸"

图片来源：北京航空航天大学学生处学生大数据中心

　　据报道，北京航空航天大学学生处学生大数据中心的 3 位同学经过两天的努力，成功合成了两张"平均脸"头像。首先，他们根据人脸的 68 个标志点和 2 个瞳孔位置精确计算出人脸的形状和大小。其次，他们根据眼睛的位置对齐人脸，将照片进行旋转裁剪。再次，他们将人脸变形到"平均脸"的形状，生成平均后的人脸。最后，他们对上一步的图像进行求和平均，得出了最终的"平均脸"头像。

　　新生"平均脸"是通过收集大量大学生脸部数据，并运用大数据思维和知识、先进的计算机技术分析得出的结果。这个过程中涉及数据采集、数据清洗、数据分析和可视化等多个步骤，通过采集大量个体数据，进行汇总和平均化等数据清洗处理。之后，借助可视化分析，研究人员得到一张具有代表性的"平均脸"。这张"平均脸"能够反映新生整体的脸部特征，有助于我们更深入地理解数据的集合特征和总体规律。

　　新生"平均脸"的制作过程，是用大数据思维解决实际问题的过程，帮助研究人员从大量数据中提取有用信息并理解数据集合的整体特征和规律。人的个体行为往往是杂乱无章、没有规律的，但是当收集的数据累积到一定量的时候，就会发现人的这些行为会呈现某种规律，变成群体行为。当人们为这些群体行为赋予背景时，它就成了信息。合理地利用这些信息，利用大数据思维解决实际问题，能够帮助人类社会再上一个台阶。

2.1 从传统数据思维到大数据思维

2.1.1 传统数据思维

传统数据思维指依赖传统的数据分析方法和工具的思维方式。在传统数据思维中，人们通常倾向于使用结构化数据、定量数据，并使用统计分析方法来解决问题。传统数据思维注重数据的收集、整理、分析和应用，强调准确性和可靠性。

传统数据思维的特点包括以下几个。

（1）数据的主要来源是结构化数据源，如表格、关系数据库等。数据类型主要为定量数据。

（2）统计分析方法是主要的分析工具，如描述统计、假设检验等。

（3）准确性和可靠性是重要的衡量标准，所得结果需要经过严格的验证。

（4）数据分析的过程通常是线性的，依次进行数据收集、数据清洗、数据分析和结果解释。

2.1.2 近代大数据思维的崛起

在当今大数据时代，传统数据思维已经面临一些挑战。传统数据思维往往只关注已有的数据，忽视了隐藏在非结构化数据中潜在的价值。此外，传统数据思维在面对海量数据时，往往无法处理数据的多样性和复杂性，缺乏灵活性和实时性。

近代大数据思维的崛起可以追溯到当代科技的快速发展和数据爆炸的时代背景。随着互联网、移动设备和传感技术的普及，大量的数据被产生并存储起来。这些数据包含了人们的购物习惯、社交媒体活动、医疗记录等各个领域的信息。

近代大数据思维的崛起指人们开始意识到这些海量数据的价值，并开始运用各种技术和方法来进行收集、存储、处理和分析。大数据思维的核心是将庞大的数据集转化为有益的信息和见解，以支持决策和创新。

大数据思维的崛起受益于以下几个因素。

（1）技术的进步。云计算、分布式系统和高速计算技术的发展，使得大规模的数据处理和存储变得可行，让人们能够从庞大的数据中挖掘出隐藏的规律和关联。

（2）数据的开放性。不同领域和机构的数据逐渐开放，为大数据分析和应用提供了更多的数据来源，使大数据的应用变得更加容易和广泛。

（3）数据科学的兴起。数据科学家的需求迅速增长，他们运用统计学、机器学习和数据挖掘等技术来分析大数据集。数据科学的兴起推动了对大数据思维的关注和应用。

（4）商业需求的驱动。大数据分析为企业提供了更加准确、精细和个性化的市场洞察能力，有助于企业优化业务流程、减少成本和提高效率。企业逐渐意识到大数据思维的重要性，并加大了对大数据分析的投入。

近代大数据思维的崛起已经在各个领域展现出巨大的潜力，大数据应用正在改变人们的生活和工作方式。然而，大数据思维也带来了一些挑战，如隐私和安全问题、技术和人才瓶颈。要充分发挥大数据思维的潜力，人们需要不断地发展相应的技术、完善法规和培养人才。

2.2 大数据思维原理

大数据思维原理是大数据思维的基石，可以帮助人们更好地理解和应用大数据，并从中获得更多的价值和见解。

大数据思维原理大体上可以分为 3 类：基础类、算法类和应用类，如图 2-2 所示。

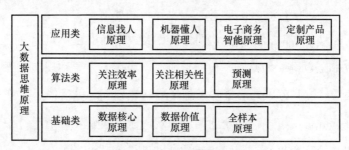

图 2-2 大数据思维原理

2.2.1 数据核心原理

大数据时代将数据视为核心，将数据的收集、分析和应用作为核心工作内容。以数据为核心的大数据时代，强调数据在决策、创新和增长中的重要性，并以此为基础，推动云计算、人工智能和数字化转型等相关领域的发展。例如，中兴通讯公司提出了以数据为核心的建网思路，以数据为中心来规划，建设确定性、服务化和内生安全的新网络，其架构如图 2-3 所示。

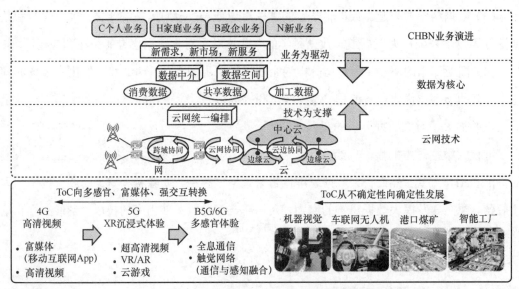

图 2-3   以数据为中心的新网络架构

数据核心原理用以数据为核心的思维方式思考问题，解决问题。

数据成为人工智能的基础，也成为智能化的基础，没有数据的场景不可能实现人工智能。

2.2.2   数据价值原理

当今互联网时期的产品，数据是它的价值。大数据并不在"大"，而在于"有用"，价值含量、挖掘成本比数量更为重要。数据价值在于应用，主要体现在以下 4 个方面。

支持战略决策：数据可以为决策者在制定战略和规划时提供依据。通过对大量、准确和可信的数据进行分析，可以帮助企业明确市场需求、了解竞争对手、识别新的商机等，从而制定更明智的策略和战略方向。

促进业务增长：对数据的分析可以帮助企业识别和理解客户需求和行为，优化产品和服务，提高客户满意度和忠诚度，进而促进业务的增长。数据还可以揭示市场趋势和需求变化，帮助企业发现新的市场机会并开展创新活动。

提升运营效率：数据对于提高运营效率具有重要的作用。通过合理地利用和分析数据，企业可以更好地了解市场需求、消费者行为、业务流程等方面的情况，从而预测未来趋势，制定更加合理、精准的决策，采取优化流程、自动化处理和优化资源配置等措施，最终提高运营效率。

　　加强风险管理：通过对数据的收集、分析和利用，企业可以更有效地识别、量化、监控和预测风险，从而制定更有效的风险管理策略，降低潜在的损失。例如，通过对销售数据和市场环境数据的分析，企业可以预测销售风险和市场波动，及时调整销售策略和控制库存。通过对客户数据和交易数据的分析，企业可以发现潜在的欺诈和违规行为，采取相应的风险控制措施。

　　在数字经济时代，数据成为新的生产要素。《数字中国发展报告（2022 年）》指出，2022 年我国数字经济规模达 50.2 万亿元，总量稳居世界第二，同比名义增长 10.3%，占GDP 的比重提升至 41.5%，已连续 11 年显著高于同期 GDP 名义增速，数字经济在我国经济中占据越来越重要的份额。数字经济的核心是数据，数据已经作为国家战略资源，开始创造价值。大到国家，小到企业，数据的价值已愈发重要。图 2-4 展示了 2017—2022 年我国数字经济规模、同比名义增长率及其占 GDP 比重。

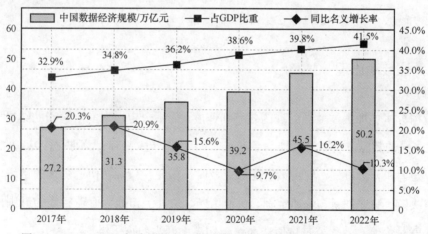

图 2-4　2017—2022 年我国数字经济规模、同比名义增长率及其占 GDP 比重

数据来源：中国信息通信研究院

2.2.3　全样本原理

　　大数据研究的对象是所有样本，而非抽样数据，这要求应用人员有全局思维。

　　数据分析需要全部数据样本而不是抽样数据。如果数据足够多，那么它会让人能够看得见、摸得着规律。当数据量大时，人们将有足够的能力把握未来，拥有对不确定状态的一种判断，从而做出自己的决定。这些大家听起来是司空见惯的，但是实际上背后的思维方式和如今所讲的大数据思维方式是非常像的。

举例来说，假设一个电子商务公司想要了解其在线商城上销售的产品类别和销售额的关系，需要收集所有的销售数据，例如产品类别、销售额、销售地区、销售时间等。通过对完整的销售数据进行分析，该公司得到如下信息：最畅销的产品类别是电子产品，其销售额最高，其次是服装、家居用品和食品类别；销售额较高的地区是大城市，而农村地区销售额较低；在特定的时间段（如假期和促销活动期间），销售额会显著增加。基于这些信息，该公司可以制定以下决策：增加电子产品类别的库存和推广力度，以满足市场需求；在大城市加大市场投入、宣传力度，以提高销售额；制定针对特定时间段的促销策略，以进一步提高销售额。基于全数据样本思维，该公司得到了更全面、更准确的销售数据分析结果，并能够据此做出更有针对性的决策，提高了业绩和竞争力。

全样本原理指用全数据样本思维方式思考问题，解决问题。从抽样数据中得到的结论总是有水分的，而从全部数据样本中得到的结论的水分就很少。数据量越大，所得结论的真实性也就越大，因为大数据包含全部的信息。

2.2.4 关注效率原理

大数据分析更加关注数据处理的效率和速度，而不一定追求完全精确的结果。面对海量数据，传统的数据分析方法可能需要很长时间才能处理完，而大数据技术可以加快数据的提取、处理和分析过程，使决策者能够更及时地做出决策。在快速变化的市场，快速预测、快速决策、快速创新、快速定制、快速生产、快速上市成为企业行动的准则，也就是说，速度就是价值，效率就是价值，而这一切离不开大数据思维。

大数据分析中通常会采用近似计算、抽样、统计推断等技术来提高效率，而不是对全部数据进行详尽分析。这种方法可以在确保一定准确性的前提下，更高效地处理和分析数据，同时减少计算成本和资源消耗。然而，尽管大数据分析可能会以牺牲一定的精确性为代价，但仍然需要确保结果具有高度的可靠性和可信度。在进行决策时，还需要综合考虑其他因素，如业务需求、风险评估和实际情况，以便做出对企业最有利的决策。在大数据分析过程中，效率和精确性之间的平衡是非常重要的。

例如，在大数据时代，企业产品迭代的速度在加快。小米手机制造商充分利用互联网与大数据，每半年就推出一款新型智能手机。在利用互联网、大数据提高企业效率的趋势下，快速就是效率，预测就是效率，预见就是效率，变革就是效率，创新就是效率，应用就是效率。

用关注效率思维方式思考问题、解决问题，可以帮助企业快速决策、快速动作、抢占先机。

2.2.5 关注相关性原理

大数据研究专家维克托·迈尔-舍恩伯格在《大数据时代：生活、工作与思维的大变革》书中提到"要相关，不要因果"，在大数据时代，有相关，就够了。而周涛在《为数据而生》一书中提到，放弃对因果关系的追寻，就是人类的自我堕落，相关性分析是寻找因果关系的利器。

相关性并不意味着因果性。关注相关性而不是因果关系，只需要知道是什么，而不需要知道为什么。在过往的数据思维和研究方法下，人们误将手中的精密结果当作事实的全貌和本然，强调因果关系。而在大数据环境中，事物更多、更复杂的样貌出现在人们面前。

如今，各类新闻、视频、购物等应用的智能推荐已经是标配，这种智能推荐是对每个用户的私人定制，根据用户习惯，推荐用户想要的。对于老用户，智能推荐可以根据完善的数据，精准推荐。但对于新用户，缺失完善的数据，那该怎么办？又或者，看新闻的时候，如果只看体育新闻，那么根据用户习惯，系统会只推送体育新闻，这太无趣了，这时又该怎么办呢？答案是通过协同过滤来预测用户偏好，即根据其他用户的使用习惯，推测该用户的喜好。比如，喜欢看体育新闻的用户，其中60%的用户也喜欢看娱乐新闻，因此系统也会向这些用户推送娱乐新闻。今日头条、抖音、亚马逊等就运用了协同过滤来预测用户的偏好。

大数据不解释因果，只关注相关性。在高速信息化的时代，为了得到即时信息，人们可以借助大数据分析技术来寻找相关性信息，从而预测用户的行为，为企业快速决策提供依据。

2.2.6 预测原理

大数据的本质是解决问题，大数据的核心价值在于预测，而企业经营的核心是基于预测做出正确判断。在谈论大数据应用时，常见的应用案例便是预测股市、预测流感、预测消费者行为等。大数据预测基于大数据和预测模型来预测未来某件事情发生的概率。让分析从"面向已经发生的过去"转向"面向即将发生的未来"，是大数据分析与传统数据分析的最大不同。

华为云从 2020 年开始立项做华为云盘古大模型，到 2021 年 4 月发布。盘古气象大模型是华为云盘古大模型中的一个子模型，旨在探索将人工智能应用于天气预报。在气象领域，盘古气象大模型是首个精度超过传统数值预报方法的人工智能预测模型，预测速度也有大幅提升。原来预测一个台风未来 10 天的路径需要 5 min，而盘古气象大模型只需要 1 min。同时，它支持 1 km 精度的气象预报，预报时间从 24 小时扩展到 10 天，未来还可能实现分钟级更新。2023 年 5 月，中央气象台表示，盘古气象大模型在"玛娃"的路径预报中表现优异，提前 5 天预报出"玛娃"的运行路径。这对于防灾减灾、保障人民生命财产安全有着重要意义。同年 7 月，盘古气象大模型研究成果在 *Nature* 正刊发表。

2.2.7　信息找人原理

当下，人与信息的连接方式正在从人找信息重构为信息找人，这正如图 2-5 所示内容。互联网出现之前，获取信息的途径少，用户需要自己去找信息，这是人找信息的模式。互联网和大数据出现后，用户获取信息的方式已经从人找信息变为信息找人。当用户打开网页查找信息时，搜索框下方会推送若干资讯以供阅读。这些推送的内容与用户搜索的内容相近，这就是所谓的信息找人。

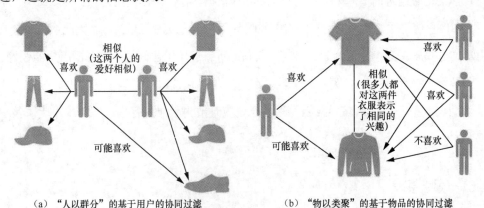

（a）"人以群分"的基于用户的协同过滤　　　　（b）"物以类聚"的基于物品的协同过滤

图 2-5　信息分发从人找信息变为信息找人

以前是人找信息，现在是信息找人，这种转变不仅使人们更加方便地获取所需的信息，也使信息更加精准地传递给目标受众。同时，这也催生了一个更加智能化和个性化的信息时代。

2.2.8　机器懂人原理

机器懂人指由人懂机器转变为机器更懂人。让机器懂人，就需要让机器具有学习的能力。大数据分析要求机器更智能，具有分析能力，机器即时学习变得更重要。机器学习指计算机利用经验提高自身性能的行为。机器学习主要研究如何使用计算机模拟和实现人类获取知识（学习）的过程，以及创新、重构已有的知识，从而提升自身处理问题的能力。机器学习的最终目的是从数据中获取知识，从而真正实现让机器懂人。

也许，目前的推荐算法还不是那么智能、那么"懂我"。比如，同一个用户可能喜欢同类型的商品（爱看科幻片的用户可能喜欢《三体》）、相似用户可能喜欢同样的商品（用户 A 与用户 B 喜好相近，用户 A 喜欢的东西，用户 B 可能也喜欢），但这是一场关于概率的游戏。系统猜我大概率喜欢什么并不等于我真的想要什么。而以 ChatGPT 为首的大模型可以理解人的语言，它更能"看透"一句话背后的真实意图，即有更强的感知能力，恰好可以弥补现有推荐算法的缺陷。ChatGPT 可以根据用户不同的个性进行推荐，并给出推荐理由。

2.2.9　电子商务智能原理

大数据改变了电子商务模式，让电子商务更智能。大数据让软件更智能。人脑思维与机器思维有很大差别，但机器思维在速度上是胜出的，而且智能软件在很多领域已能代替人脑思维输出工作成果。例如，美国一家媒体公司已用智能软件写稿，稿件的可用率已达70%。每个人的互联网行为都可记录，这些记录经过云计算处理能产生深层次信息。经过大数据软件挖掘，企业需要的商务信息都能被实时提供，为企业决策和营销、定制产品等提供了大数据支持。

2.2.10　定制产品原理

当今市场已成为买方市场，客户多样化、个性化的需求越来越突出，企业单纯依靠固定产品很难在市场上立足。在新的市场环境下，传统企业面临一大挑战，即"满足客户个性化需求"与"有成本优势的快速交付"之间的矛盾，因此，企业需要颠覆"从工厂到用户"的传统生产思维，转为"以用户需求为驱动"的个性化生产，最大限度地满足客户个性化和多样化的需求。在厂商可以负担得起的大规模定制带来的高成本的前提下，要真正做到个性化产品和服务，就必须对客户需求有很充分的了解，这背后就需要依靠大数据技术。

图 2-6 展示了海尔公司的卡奥斯平台方案，该平台以用户为中心，推动生产方式由大规模制造向大规模定制转变，以全要素、全价值链、全产业链的场景化应用，实现高精度下的高效率。

图 2-6　卡奥斯平台方案示意

2.3　大数据思维方式

大数据时代的到来，给人们带来了思维方式的改变。但这种思维方式的改变绝对不是抛弃已有的思维，而是学习新的思维并掌握它，让它成为思维库里的又一项武器。只有思维方式升级了，才可能在这个时代透过数据看世界，比别人看得更加清楚。大数据思维是一种更清晰地理解世界、认识世界的进步思维方式。

2.3.1　大数据思维维度

大数据思维包含 3 个维度：定量思维、相关思维、实验思维，即所有东西都可测、可联、可试。

（1）定量思维

定量思维，即提供更多描述性信息，其原则是一切皆可测。不仅销售数据、价格这些客观标准数据可以形成大数据进行测量，甚至连顾客情绪（如对色彩、空间的感知等）也可以通过大数据进行测量。大数据包含了与消费行为有关的方方面面。

以迪士尼公园手环为例，游客在入园时佩戴上带有位置采集功能的手环，园方可以通过定位系统了解不同区域游客的分布情况，并将这一信息告知游客，方便游客选择最佳游玩路线。此外，用户还可以使用移动订餐功能，通过手环的定位功能，送餐人员能够将快餐送到用户手中。迪士尼公园手环的大数据功能不仅提升了用户体验，也有助于疏导园内的人流，所采集得到的游客数据还可以用于精准营销。

（2）相关思维

相关思维，其原则是一切皆可联。以商业应用为例，消费者行为的不同数据都有内在联系，这可以用于预测消费者的行为偏好。

一个经典的大数据相关思维的应用是推荐系统。推荐系统是一种利用大数据分析用户行为与偏好，根据用户的历史数据和行为模式来预测用户可能喜欢的物品或服务，并向用户推荐这些物品或服务的系统。推荐系统的核心思想是通过分析用户过去的行为、购买记录、评价等数据，找到用户与物品之间的相关性。例如，当一个用户喜欢某部电影并对其进行评价后，推荐系统会通过分析这个用户与其他用户之间的相似度，找到与这部电影相关性较高的电影，将其推荐给用户，如图 2-7 所示。

（3）实验思维

实验思维，其原则是一切皆可试，所有东西都可以实验。在大数据时代，海量数据带来的信息超载和复杂问题需要我们运用实验思维来寻找解决方案：先将用户随机分为两组（称为实验组和对照组），并分别给予不同的方案或变量；然后对两组之间的指标差异进行分析，以评估不同方案或变量的效果。实验的核心原理是"控制变量法"，即确保实验组和对照组除了所测试变量之外，其他变量都保持一致，这有助于消除其他因素的影响，从而准确地评估所测试变量对结果的影响。

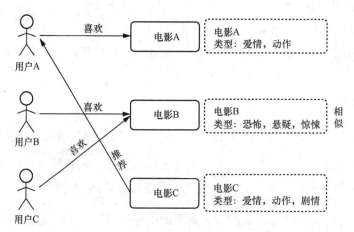

图 2-7　基于内容的推荐算法案例

图 2-8 展示了美团 App 搜索结果页面。大家熟知的美团搜索推荐产品，都不是产品经理或者业务负责人拍脑袋经验主义决策的结果，而是把不同名称的应用包上架到应用市场，看哪个名字的下载率和分享率最高，就用哪个，其本质是通过大数据实验思维，把决策权交给用户。大数据所带来的信息可以帮助制定营销策略。

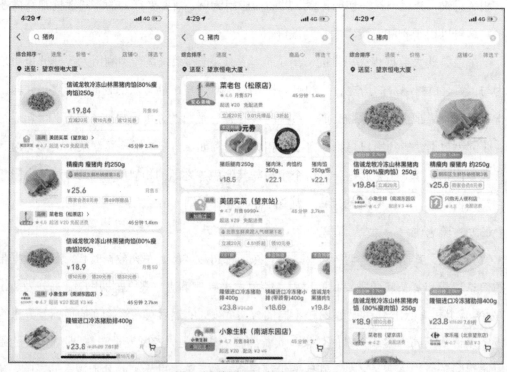

图 2-8　美团 App 搜索结果页面

2.3.2　大数据思维方式的变革

大数据研究专家维克托·迈尔-舍恩伯格在《大数据时代：生活、工作与思维的大变革》一书中明确指出，大数据时代最大的转变就是思维方式的 3 种转变：全样而非抽样、效率而非精确、相关而非因果。这 3 种转变分别对应着总体思维、容错思维和相关思维。大数据思维方式的变革可用 3 个词描述：更多、更杂、更好。

（1）总体思维——更多：需要的是全部数据而不是抽样数据

在过去，计算能力的欠缺和测量手段的不足导致很难进行大规模的全量分析，抽样成为一个重要的统计方法。如今，样本思维还是很常见的。比如，一次大规模人口普查需要大量基层人员挨家挨户入户登记，工作周期长、效率低。

抽样的问题在于：不存在一个最佳的抽样标准，完全随机也是不可能的，更不能奢求一个小抽样网络就能反映总体的所有特征，尤其是了解细分领域，宏观有效的随机抽样此时也失去作用了。以人口普查为例，数据需要正确且及时，过时的计算工具既费时又费力，导致数据存在滞后性。此外，这种方式也应付不了数据的变化和流动，数据的价值就降低了。

在小样本时代，精确性非常重要。但当数据量增大了以后，不是说精确性不重要了，而是说不可能做到完全的精确性，因此，在大数据时代，人们要允许不精确的存在。如今，信息已经实时化、数据化、联网化，加上新的大数据技术可以快速、高效地处理海量数据，样本等于总体，人们不会漏掉任何总体的细节，大数据可以弥补精确性差的不足，人们需要接受不精确数据这个事实。大数据时代，人们花费更低的成本、更低的代价很容易就能做到全量分析。所以说，人们需要的是全部数据，而不是以点带面、以偏概全的样本数据。

（2）容错思维——更杂：由于是全样本数据，因此人们不得不接受数据的混杂性，而放弃对精确性的追求

对于传统数据分析，由于数据量小，分析人员可以对数据做精准分析。随着数据量的爆发式增长，分析人员已经很难关注更多细节。

"数据的体量之大，我们无法实现精确性。"这话源于 20 世纪 40 年代的一次尝试，研发人员想利用计算机解决翻译问题，他们以计算机中的 250 个词语和 6 条语法规则为基础，将 60 个俄语词组翻译成英语，准确地实现了最初的想法。但是，他们后来发现翻译并不

是输入一些常用的规则和单词便能够实现的，因为语言是没有边界的，这就意味着计算机无法满足"适用的若干性质"：任务的边界是确定的；任务的解空间是有限的、可预期的（即使空间无比巨大）；执行任务的规则是明确的；任务执行过程中的信息是完全的；对任务结果的最终得失评估也是可精确量化的。所以，面对翻译过程因语义、语法的复杂性及语言的特殊性而造成新情况的不断涌现，他们不得不承认他们失败了。除此之外，当人们被数据淹没时，传统数据分析法的成本会更高。

由上可知，关注精度思维是建立在少量数据的基础上的。基于精准得出的规律，在海量数据面前也会产生变异甚至突变。在大数据时代，分析更强调大概率事件，即所谓的模糊性，这不是说人们要抛弃严谨的精准思维，而是说人们应该培养大数据下的模糊思维。

经验表明，对于牺牲数据的精确性所获得更广泛来源的数据，人们有时反而可以通过数据集间的关联提高数据分析结果的精确性。例如，Facebook、微博、新闻网站、旅游网站等通常允许用户对网站的图片、新闻、游记等打标签。每个用户打的标签并没有精确的分类标准，也没有对错，完全从自身的感受出发。这些标签达到几十亿的规模，但却能让用户更容易找到自己所需的信息。

大数据通常用概率说话，而不是"确凿无疑"。追求高精确性已经不是数据分析的首要目标。相反，大数据时代具有"秒级响应"的特征，要求在几秒内迅速给出针对海量数据的实时分析结果，否则数据的价值就会丧失，因此，数据分析的效率成为关注的核心。

（3）相关思维——更好：开始关注相关性而不是因果关系

发展遵循的是假设—预测这一流程。科学家提出的假设，往往需要通过实验进行比对验证，并能用数学的方式表达出来，这才形成了可以用来预测的因果关系。大家回顾一下，语文课所学的句式"因为……所以……"，就是典型的因果关系；数学公式的推导和证明也一直在强调因果关系。所以，每个人在看问题和现象的时候，总是不断地问自己为什么。由此可见，因果思维在每个人脑中已经形成很深的烙印。

过去，数据分析的目的一方面是解释事物背后的发展机理，另一方面是预测未来可能发生的事件。不管是哪种目的，其实都反映了一种因果关系。但是，在大数据时代，因果关系不再那么重要了，人们转而追求相关性。例如，在淘宝网购物时，当用户购买了一个汽车防盗锁以后，淘宝网会自动提示购买相同物品的其他客户还购买了汽车坐垫。也就是说，淘宝网只会告诉客户购买汽车防盗锁和购买汽车坐垫之间存在相关性，但是并不会告诉为什么其他客户购买了汽车防盗锁以后还会购买汽车坐垫。

相关性体现了从数据思维视角看现象，而因果关系体现了从业务视角看现象。大数据技术为获取事物之间的相关性提供了极大的便利，有效克服了现代科学探寻因果关系的现实困境，使人类得以更全面、更快速地把握事物的本质。

2.3.3 大数据思维特征

一般来看，大数据思维具有三大特征：整体性与涌现性、多样性与非线性、相关性与不确定性。

1. 整体性与涌现性

在大数据思维背景下，涌现性成为描述全体数据最合适的词汇。整体性与涌现性是大数据思维的首要特征。

（1）整体性

整体性是相对于系统的部分或者元素而言的。大数据思维要求人们将所获得的大数据作为一个系统，那么这个系统的首要特征就是整体性。大数据思维主张进行全体数据的获取和分析，也就是通过整体思维的方式来把握研究对象。

以人口普查为例，我国每 10 年进行一次全国人口普查，两次人口普查间进行一次 1% 人口抽样调查。1%人口抽样调查是一种省时又省力的人口调查方式，但是抽样的结果往往有一定的误差，只可能在一定条件下降到最低。如今，借助大数据技术，人们可以建立全国联网的人口数据库，并在智慧城市等移动终端 App 上开通人口普查数据更新入口，人们就可以在任何时间和地点完成人口普查数据的更新，政府相关部门获取人口信息的变化将更方便。

在大数据技术逐渐成熟的背景下，人们可以很方便地获取规模庞大的数据，思维方式也从样本思维转向了总体思维，这样就可以系统、立体地认识总体。

（2）涌现性

大数据思维在表现出整体性特征的同时，也表现出了涌现性特征。涌现性特征指在一个复杂的系统中，一些新的、意想不到的特性逐渐显现出来，这些特性在系统的各个组成部分中并不存在。例如，一只蚂蚁、一个神经元，它们的规模很小，什么也干不了，然而当它们大规模聚合在一起时就会爆发出很强大的力量。

在人工智能模型中，涌现性通常指模型通过大量数据训练后，展现出一些在训练数据中没有明确指示的能力或行为。如图 2-9 所示，在 LaMDA、GPT-3、Gopher 等语言模型中，科学家们观测到，在训练量较小的时候，其结果与随机结果（瞎蒙）差不多，但是当训练量超过某个阈值时，精确度突然大幅提升。

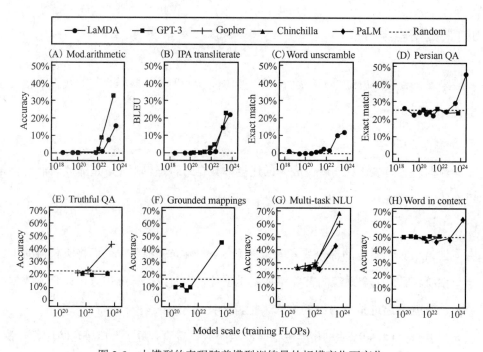

图 2-9　大模型的表现随着模型训练量的规模变化而变化

在大数据思维背景下，新情况不断地涌现，涌现性也成为大数据思维的重要属性。大数据具有的，而小数据单独、部分或者所有小数据所不具有的属性、特征、功能等称为大数据思维的涌现性。也就是说，当把大数据拆分为多个小部分时，大数据所具有的这些属性、特征、功能等便不可能体现在小数据或者所有小数据上。

百度公司充分发挥人口、交通、搜索记录等海量数据的价值，为四川省某著名 5A 级景区搭建了客流预测系统。该系统是垂直百度大数据和景区营销数据结合后的一次智慧旅游创新，能够实时提供景区内部客流人数、热力图分布等，并支持预测未来三日前往该风景区的游客数量。基于客流预测系统，该景区可以感知景区内部游客的总体态势，构建游客画像，提高该景区精细化运营管理和精准营销水平。若单独将某个人的交通、搜索记录等数据列出，或者单独将某个时间段的数据列出并加以分析，会很难得出全体数据的分析结果。单独的数据并不具有预测客流量的能力，单独某个时间段的数据同样没有这样的效果，只有在全体数据上进行整体分析才会显示出涌现性，景区客流预测项目才变得有意义。

2. 多样性与非线性

大数据思维还表现出多样性和非线性。大数据时代，数据种类、数据来源的不同表现在大数据思维上，那就是多样性。通过多样性数据考察世界的方式昭示了其非线性特点。

（1）多样性

大数据思维的多样性特征是通过数据种类和数据来源的不同体现的。关系数据库中存储的基础是结构化数据，如整齐的文字、数据或者同一种类的文件。而非关系数据库中存储的多源异构数据（半结构化数据、非结构化数据），如不整齐（杂乱）的图标、表格、网页、视频或者其他类型的异构数据，成为大数据思维多样性的主要来源。

例如，电子健康档案是一种纵向的患者电子医疗信息搜集系统，可以记录患者在所有医疗机构产生的数据。这种通过数字化方式存储的信息需要能够在不同的医疗机构之间共享，以便让患者在不同的医生、医院、诊所，甚至不同国家都能够得到良好的医疗服务，也可以让医生及其他医疗服务人员、保险公司等在不同的设备之间共享该患者的医疗记录。电子健康档案需要包含患者的多种数据信息，如患者的人口统计资料、病史、用药和过敏史、免疫情况、实验检查结果、放射图像（如 X 光影像等）、生命体征、个人数据（如年龄、身高、体重等）、医疗过程记录、支付信息等。电子健康档案中数据的来源、种类各不相同，这体现了大数据的多样性。

（2）非线性

进入大数据时代以后，人们认识世界的方式将发生改变，大数据思维非线性特征将帮助人们在认识世界、考察世界的过程中建立非线性观点。在数学中，线性是一种比例关系，函数表现是成比例的、直线的。而非线性是一种没有比例关系的性质，函数表现是不成比例的、非直线的。人们在科学研究中采用的线性思维，可以看作非线性现实的简化。大数据思维的出现带来了整体思维，人们可以通过采集海量数据的方法得到现实世界的第一手数据，通过这些数据来了解世界，将更加接近真实、接近现实。在这样的意义上，大数据思维在本质上表现出了非线性特征。图 2-10 所示的 360°动态客户全景画像就是大数据思维非线性的一个典型例子。

大数据思维在多样性和非线性特征上表现出的偶然性，与现实世界多样性、非线性的本质表现出的必然性，将在人们追寻真实世界图景的过程中实现偶然性与必然性的统一，同时这也显现了大数据思维在认识论上更清晰地认识、把握世界的追求。大数据思维本身所具有的多样性、非线性特征，辅以强大的大数据技术，无疑会影响人类对自然的认识，建立大数据思维条件下的新认识图景。

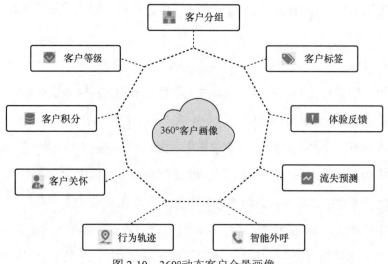

图 2-10 360°动态客户全景画像

3. 相关性与不确定性

相关性和不确定性是大数据思维的重要特征，相关性指在大数据的数据挖掘过程中可以根据数据间的相互关系做出判断的性质，不确定性指在大数据的数据挖掘过程中所获取的数据本身是不具有确定规律的性质。大数据思维的相关性与不确定性特征是以它的前两个特征为基础的。如前文所述，整体性与涌现性为大数据思维提供了认识数据整体的新方法，多样性与非线性为大数据思维提供了获取丰富数据的新路径。应用大数据的核心是预测，在数据总体量相同时，与单独分析体量较小的小型数据集相比，将众多小数据集归结为大数据后进行处理可得出令人惊讶的结果，处理结果可以帮助商品销售、洞察传染病疫情、改善城市交通，甚至可以防止犯罪。

（1）相关性

从大数据中寻求事物相关性，通过这种相关思维对可能发生的事进行预测，是大数据思维的主要目的之一。在数理统计中，虽然逻辑关系（因果关系）不可以被相关关系表征，但统计结果可以帮助人们从大量数据中获得直观表述。

例如，大家经常听到"啤酒肚"这个说法，它的意思是喝啤酒会导致人发胖，肚子变大。通过统计，人们确实发现，身边喜欢喝啤酒的人的肚子往往比较大，肚子比较大的人也往往喜欢喝啤酒。两者之间似乎真有因果关系。其实，这两者之间只有相关性，并没有因果关系。真正的原因是，啤酒总是伴随着夜宵等场景出现，而夜宵的食物往往热量较高，因此，喝啤酒和肚子大实际上是相生相伴的两个共同事件，并不是喝啤酒导致肚子大。实际上，只要控制热量摄入，多运动，哪怕天天喝啤酒，也不会导致肥胖。"啤酒"和"肚子大"相关性的表达，恰恰是大数据思维相关性特征的体现，结果并没有完整的因果性探究，而是依靠大量的、基础的统计结果，依靠数据做出了"啤酒"和"肚子大"之间存在相关性的判断。

（2）不确定性

在大数据时代，大数据思维在数据类型、数据挖掘等领域表现出明显的不确定性。不确定性在数据采集、数据清洗、数据处理等数据挖掘的全过程中均有体现。

什么是不确定性？简单地说，不确定性就是对事物缺乏 100%准确的判断。例如，无论对股票的历史数据做多么深入的研究，都无法 100%准确地判断明天股价的走势；无论对消费者做多么深入的访谈，都无法 100%准确地判断他最终的购买决定；无论对大气环境数据建立如何精细的建模，都无法 100%准确地预测明天 PM2.5 的水平。由此可见，人们生活在一个不确定性的世界中。

要理解大数据的"不确定性"，可以从两个方面入手：首先理解哪些不确定性其实是确定的，可喜的是这个问题可以通过模型刻画来解决；然后理解哪些不确定性是不可强求的，要欣然接受这些不确定性，并与之和平相处。

2.4　大数据思维的应用案例

为了进一步强化对大数据思维的理解，这里给出 3 个应用案例。

2.4.1　全样思维应用案例

大数据全样思维的一个应用案例是通过智能手机的位置数据来分析人口流动趋势和交通状况。大数据公司可以收集智能手机用户的位置数据，包括每天的行进路线、停留位置和时间等信息，通过对这些数据进行分析和挖掘，得出人们的出行习惯、交通拥堵情况、不同时间段不同地区的人流量分布等信息，从而帮助城市规划者更好地制定城市交通规划和交通疏导策略。

另一个案例是通过互联网搜索引擎记录用户搜索行为来进行市场调研。大数据公司可以收集全球范围内的搜索引擎数据（例如搜索关键词、点击链接、浏览时间等信息），通过对这些数据进行分析和挖掘，了解用户的兴趣和偏好、热门搜索词和趋势等信息，帮助企业和广告商更好地制定市场营销和广告投放策略。

这些案例都是通过收集和分析全量数据，而非从中抽取样本进行分析，因而能够提供更全面、更准确的信息，帮助决策者做出更明智的决策。

2.4.2 效率思维应用案例

大数据效率思维的一个应用案例是金融领域高频交易的分析和决策。高频交易指利用大量且即时的市场数据进行快速、频繁的交易。在这种情况下，大数据效率思维关注的是交易的效率而不是绝对精度。

大数据公司可以收集和分析海量的市场数据（如股票价格、交易量、市场指数等信息），通过实时监测和分析这些数据来发现市场趋势、价格波动、交易机会等。交易员可以根据这些分析结果进行快速决策并进行交易。高频交易的关键是在极短的时间内做出正确的决策，并以最快的速度执行交易，因此，大数据的价值在于帮助交易员迅速识别交易机会和风险，从而提高交易的效率和收益。

在这个案例中，虽然数据分析的结果可能并不完全准确，但是关注的是对市场的快速反应和决策的准确性。大数据在这种情况下提供了及时且全面的市场信息，帮助交易员做出更快、更明智的决策，从而提高交易效率和盈利能力。

2.4.3 相关思维应用案例

大数据相关思维的一个应用案例是在零售行业，大数据分析帮助商家了解消费者的购物习惯和喜好，从而进行个性化的营销和推销。

假设一个大型连锁超市管理员想要提高销售额，他可以通过大数据分析工具来分析每个顾客的购买记录、喜好、购物频率等数据。基于这些数据，他可以得出一些有趣的结果，如某位顾客喜欢购买健康食品、有机产品和高端美容用品。

有了这些信息，超市可以制订个性化的推销策略，例如通过邮件、手机应用或者社交媒体向这位顾客发送优惠券或者新产品上市的消息。这种个性化的推销策略可以更好地吸引顾客的注意力，并提高他们的购买意愿。

通过大数据分析，超市管理员可以实时追踪和监测这些个性化推销活动的效果。他可以分析顾客的反馈和购买行为，并根据这些数据进一步优化推销策略。通过不断地分析大数据，超市管理员可以更好地了解和满足顾客的需求，从而提高销售额和顾客满意度。

在这个案例中，大数据分析为商家提供了更深入地了解消费者的机会，从而帮助他们进行个性化营销和提高销售额。尽管因果关系可能难以确定，但大数据分析提供的信息和洞察力对商家制订策略非常有帮助。

习　　题

2-1　请简述大数据思维原理。

2-2　请列举生活案例，说明大数据预测能实现"未卜先知"。

2-3　请描述 360°动态客户全景画像的生成需要采集的客户数据。

2-4　请搜索并简述"啤酒和尿布"的商业故事，并说明其中的大数据思维方式。

2-5　请根据自己的生活实践举出一个大数据思维的典型案例。

实　　验

1. 实验主题

使用 Excel 制作学生画像。

2. 实验说明

学生作为学校教育的主要参与者和受益者，其身体状况、行为习惯和心理健康状况都会对自身的发展产生重要影响。通过各项数据分析对学生的行为画像（如图 2-11 所示）进行研究，可以帮助学校及时掌握学生的行为动态，同时针对学生自身存在的不良行为习惯进行纠正，引导学生养成健康向上的行为习惯。

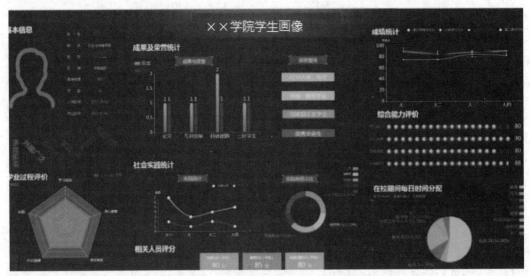

图 2-11　××学院学生画像平台界面

3．实验内容

以某学校部分学生某次考试成绩数据（虚拟数据，如有雷同，纯属巧合）为例，完成学生成绩画像。

（1）使用 Excel 打开学生考试成绩统计表格，如图 2-12 所示。

	A	B	C	D	E	F	G
1	学号	姓名	班级	语文	数学	英语	总分
2	202001107	黄小亮	2020级物联网工程2班	63	55	71	189
3	202001121	王冬	2020级物联网工程2班	93	57	72	222
4	202001128	张莹莹	2020级计算机科学与技术3班	93	91	91	275
5	202001129	周影	2020级计算机科学与技术4班	96	67	79	242
6	202001131	何雨	2020级计算机科学与技术3班	87	80	85	252
7	202001132	谭亚雅	2020级计算机科学与技术3班	78	73	82	233
8	202001201	李鑫	2020级物联网工程2班	79	33	60	172
9	202001211	李昊	2020级物联网工程1班	75	31	58	164
10	202001212	李文	2020级计算机科学与技术3班	78	86	88	252
11	202001213	杨森林	2020级物联网工程1班	74	57	63	194
12	202001214	周小龙	2020级计算机科学与技术3班	82	91	89	262
13	202001215	沈案	2020级物联网工程1班	82	80	83	245
14	202001219	胡枭雄	2020级计算机科学与技术4班	83	73	79	235
15	202001220	甘田华	2020级计算机科学与技术3班	60	88	92	240
16	202001221	杨明明	2020级物联网工程2班	83	66	77	226
17	202001223	谢冲	2020级物联网工程2班	87	66	76	229
18	202001308	冉高庆	2020级计算机科学与技术2班	84	88	87	259

期末成绩　＋

图 2-12　学生成绩统计表格

（2）观察数据，分析成绩数据，规划成绩数据所需要绘制的图表种类和内容，如可以绘制各科成绩的折线图、各科成绩各分数段人数的饼图等。

（3）绘制各科成绩的折线图，选择菜单中的"插入"，再选择"折线图"，在弹出的折线图样式中选择一个合适的样式，如图 2-13 所示。

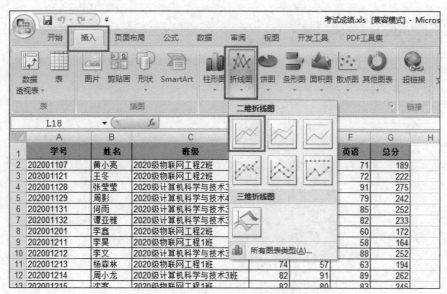

图 2-13　绘制折线图的操作选项

（4）在弹出的绘图区域中，单击鼠标右键，在弹出菜单中择"选择数据"，如图 2-14 所示。

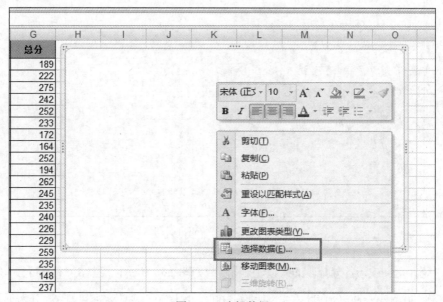

图 2-14　选择数据

（5）选择需要展示的学科和对应的学生成绩，实验中选择了语文、数学和英语这 3 科成绩的所有数据作为数据源，如图 2-15 所示。之后，单击"确定"按钮。

D	E	F	G
语文	数学	英语	总分
63	55	71	189
93	57	72	222
93	91	91	275
96	67	79	242
87	80	85	252
78	73	82	233
79	33	60	172
75	31	58	164
78	86	88	252
74	57	63	194
82	91	89	262
82	80	83	245
83	73	79	235
60	88	92	240
83	66	77	226
87	66	76	229
84	88	87	259
70	85	80	235
83	43	22	148
80	76	81	237

图 2-15 选择数据源

（6）3 科成绩的折线图如图 2-16 所示。读者可以调整折线图大小和位置，使图表的尺寸和位置合适。

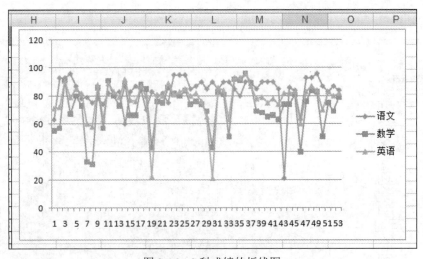

图 2-16 3 科成绩的折线图

（7）统计语文成绩各分数段的人数，所用函数如图 2-17 所示，其中大于或等于 90 分为优；大于或等于 70 且小于 90 分为良；大于或等于 60 且小于 70 分为及格；小于 60 分为不及格。

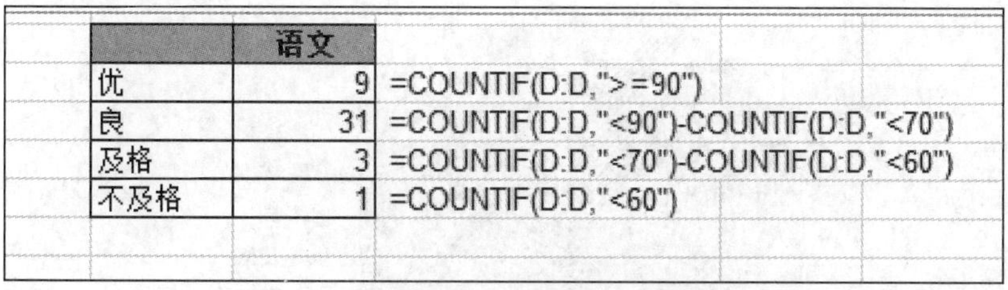

	语文	
优	9	=COUNTIF(D:D,">=90")
良	31	=COUNTIF(D:D,"<90")-COUNTIF(D:D,"<70")
及格	3	=COUNTIF(D:D,"<70")-COUNTIF(D:D,"<60")
不及格	1	=COUNTIF(D:D,"<60")

图 2-17　统计语文成绩各分数段的人数

（8）绘制语文成绩的饼图，先选择菜单中的"插入"，再选择"饼图"，在弹出的饼图样式中选择一个合适的样式，如图 2-18 所示。

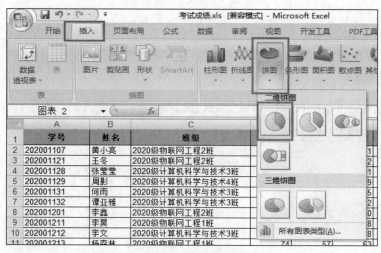

图 2-18　绘制饼图的操作选项

（9）在"选择数据源"页面选择统计好的分数段人数和等级，并单击"确定"按钮，如图 2-19 所示。绘制的饼图如图 2-20 所示。

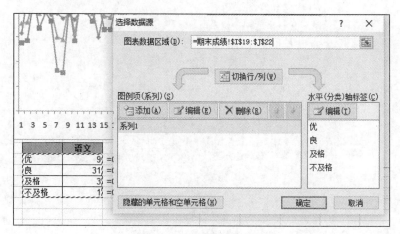

图 2-19　选择饼图数据源

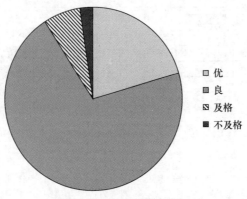

图 2-20　语文成绩饼图

（10）使用同样的方式还可以绘制出数学、英语学科各分数段的人数的饼图。

（11）请大家思考针对学生成绩，还可以绘制哪些维度的图表。

4．提交文档

根据以上内容撰写一份 Word 格式的报告文档，设计问题并对结果进行分析，结合自身的使用感受，思考如何利用大数据思维更好地完成学生画像。

·前沿篇·

项目三　大数据之所在——云计算

云计算技术是一种基于网络的计算模式，通过将计算资源、存储和服务提供给用户，实现按需获取、灵活扩展和高效利用计算资源的方式，从而支持各种应用和业务的部署和管理。它在无须用户关心底层基础设施的同时，提供可靠的计算能力和数据存储，为实现数字化转型和创新提供了强大的基础。

本章主要内容如下。

（1）云计算的历史。

（2）云计算的模式与基本特征，其中包括服务模式、部署模式等。

（3）云计算的技术和实践，其中包括云基础设施、微服务、DevOps 等。

（4）云计算安全。

（5）云计算应用案例和可持续发展。

导读案例

案例3　云计算在大数据技术发展中发挥了什么作用？

要点：云计算为大数据技术的发展提供了强大的支持，使得大数据的存储、处理和分析变得更加高效、灵活和经济。

随着互联网信息技术水平的不断提高，以大数据、云计算等为代表的相关技术在各个领域发挥着越来越重要的作用。互联网信息时代的快速发展，各个行业都会产生大量的数据，如何对数据进行存储、转换，从海量数据之中分析出有用的信息？云计算技术应运而生。大数据技术和云计算平台相结合，有效提高了数据的处理能力，对保障数据计算的方便、快捷、科学、准确起到了重要的作用。

大数据是在社会信息技术快速发展的环境下，基于科学技术与信息技术形成的综合型数据集合。大数据作为多种类型数据的集合，是无法用常规软件工具在既定时间内进行管理、存储与分析处理的，而是需要利用一些新的处理模式与技术方法显示其复杂、多样、价值高、更新快的特点。

云计算平台为大数据提供了一个安全、可容纳其数据量的处理平台，能满足大数据技术对符合其自身特点的数据进行快捷、有效处理的要求。大数据与云计算相结合，利用虚拟化的处理方式对互联网资源和本地资源进行整合，从而提供更加有价值的信息。大数据和云计算平台能够满足复杂、多样性的数据处理需求，为社会和企业的发展提供了极大的便利。大数据与云计算相辅相成，在各个领域的数据处理和业务运转中起到了重要的作用。大数据与云计算平台的运用同时也推动了计算机计算方式的发展，促进社会智能化的发展。

总体来说，云计算为大数据技术的发展提供了强大的支持，使得大数据的存储、处理和分析变得更加高效、灵活和经济。它为各行各业带来了更多的数据驱动型决策和创新，推动了大数据技术的广泛应用和发展。

如图 3-1 所示，在云计算中，（云端）大数据、（云端）物联网和（云端）人工智能是 3 个相互关联且不断发展的领域，它们在现代科技和商业中扮演着至关重要的角色。物联网为大数据提供了丰富的数据源，而人工智能使大数据能够转化为有意义的知识和具有洞察力，进而控制物联网设备的执行。同时，云计算为大数据提供了弹性存储和计算资源，使得大数据的处理变得更加容易可行。

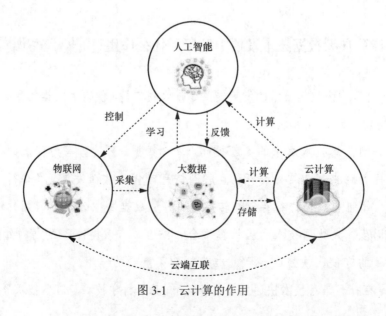

图 3-1 云计算的作用

3.1　云计算的历史

云计算的历史演进可以追溯到 20 世纪 90 年代中期,但云计算真正的发展和普及始于 21 世纪初。云计算经历了以下几个关键阶段。

早期发展阶段：云计算的雏形可以追溯到 20 世纪 90 年代中期,当时人们开始发现通过网络连接来共享计算资源的潜力。然而,当时的云计算仍处于早期阶段,技术、基础设施和网络带宽有限,未能得到广泛应用。

服务提供商阶段：随着网络基础设施的发展和宽带网络的普及,一些企业开始提供基础设施即服务(Infrastructure as a Service,IaaS)和平台即服务(Platform as a Service,PaaS)等云计算服务。这些服务提供商通过虚拟化技术,让用户能够按需租用计算资源和存储资源,同时提供了应用开发和部署的平台。这个阶段标志着云计算开始进入商业化阶段。

大规模云服务提供商阶段：21 世纪 10 年代中期,全球范围内开始涌现出一批大规模的云服务产品,国外知名的有亚马逊 AWS、微软 Azure、谷歌云等,国内知名的有阿里云、百度云、腾讯云、华为云等。这些巨头提供了全球性的云计算服务,使得云计算开始普及和应用于各行各业。同时,大数据技术的兴起也推动了云计算的发展,因为云计算为大数据的处理和存储提供了强大的支持。

多云和混合云时代：随着云计算的不断发展,人们逐渐意识到单一云可能会带来风险,因此,多云和混合云成为一种趋势。企业和组织开始选择同时使用多家云服务提供商的产品或服务,或者将部分应用和数据保留在本地数据中心,以实现更灵活和安全的云计算架构。

总的来说,云计算经历了从早期发展到商业化,再到大规模普及等阶段,它的发展不断推动着计算技术的创新和应用,为各行各业带来了更高效、灵活和经济的计算解决方案。随着技术的不断进步,云计算将继续演进和发展,为数字化时代提供更加强大的计算能力和服务。

3.2　云计算的模式与基本特征

不同于传统的计算机,云计算引入了一种全新的方便人们使用计算资源的模式,即远程计算资源。云计算使用户能够通过互联网或专用网络访问软件、服务器、存储和其他计算资源。这些资源与位置无关，具体体现在用户通常不需要了解甚至管理这些资源的实际位置，只需要购买和使用资源，并为所使用的资源付费。云计算具有 3 种服务模式、4 种部署模式和 5 个基本特征，如图 3-2 所示。

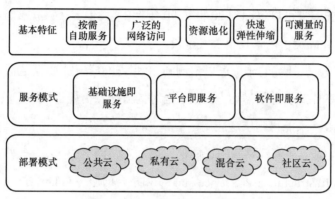

图 3-2　云计算的模式与基本特征

3.2.1　服务模式

云计算是一种基于互联网的计算模式，通过网络提供计算资源和服务，包括计算能力、存储空间和应用程序。云计算的服务模式主要分为以下几种。

基础设施即服务（IaaS）：提供虚拟化的计算资源，如虚拟机、存储空间和网络。用户可以根据需要进行资源的弹性调整，避免了购买和维护硬件设备的成本和烦琐工作。

平台即服务（PaaS）：提供应用程序开发和部署的平台环境。开发者可以在这种环境中构建、测试和部署应用程序，而不需要关注底层的基础设施细节。

软件即服务（Software as a Service，SaaS）：提供基于云的软件应用程序，用户可以通过网络访问并使用这些应用程序，而不需要在本地安装和维护。

用户可以根据业务需求选择合适的云计算服务模式，从而更高效地利用计算资源、降低成本、加速应用程序开发和部署的速度，并提升灵活性和可扩展性。

3.2.2　部署模式

云计算的部署模式指在云环境中如何组织和配置计算资源以满足应用程序和服务的需求。以下是几种常见的云计算部署模式。

公有云：在该模式下，服务提供商向多个组织和用户提供共享的计算资源，如虚拟服务器、存储设备和网络。用户通常以按需付费的方式购买和使用这些资源。这种模式适用于中小型企业和个人开发者，能够快速启动和扩展项目。

私有云：将云计算基础设施部署在单个组织内部，仅由该组织的员工使用。私有云可以提供更高的安全性和控制性，适用于需要更严格数据隐私和合规性要求的行业，如金融和医疗行业。

混合云：将公有云和私有云相结合，允许组织根据需求灵活地在两者之间迁移应用程序和数据。这种模式可以实现资源的弹性调配，同时满足数据保护和合规性的需求。

社区云：由多个组织使用共同的云基础设施的部署模式，通常是在特定行业、领域或共同兴趣下构建的。这种模式可以帮助组织共享资源、降低成本并促进合作。

云计算部署模式的选择取决于组织的需求、数据隐私要求、安全性需求及应用程序的性能和可用性要求。不同的部署模式有其优势和不足，使用时需要仔细考虑和规划。

3.2.3 基本特征

云计算的 5 个基本特征描述了真正的云计算环境所具备的属性和功能。这 5 个基本特征分别如下。

按需自助服务：用户可以根据自己的需求，自主地获取计算资源，如虚拟机、存储空间、应用程序等，而无须人工干预或提前与服务提供商进行联系。这种特征使用户能够在无须复杂审批流程的情况下，快速地获取所需资源。

广泛的网络访问：云计算资源可以通过网络（如互联网）进行访问，用户可以使用各种设备（如计算机、移动终端）连接到云服务。这种特征让用户在任何地点和任何时间都能够访问其应用程序和数据。

资源池化：云计算服务提供商将计算资源汇集在一起，形成一个共享的资源池。这些资源可以根据需要动态分配和重新分配，以满足不同客户的需求。资源池化特征有助于提高资源的利用率和灵活性。

快速弹性伸缩：云计算环境可以根据需求迅速扩展或缩减资源，这意味着用户可以根据负载变化自动调整其计算和存储资源，以适应不断变化的需求，而无须人工干预。

可测量的服务：云计算服务提供商可以对资源使用情况进行监控、测量和报告。用户可以根据实际使用情况进行付费，这种计费模式称为按使用量计费。这个特征有助于用户了解其资源使用情况，从而更好地进行成本控制和优化。

这 5 个基本特征共同定义了云计算的核心属性，使其成为一种灵活、高效和可扩展的计算模式，为用户提供了更大的便利性和更高的资源利用率。

3.3 云计算的技术和实践

作为一种复杂的技术，云计算涉及多个组件和模式。基于功能的不同，这些组件和模式可以归为 3 类，分别是云基础设施、数据和应用架构、IT 管理和支持，如图 3-3 所示。

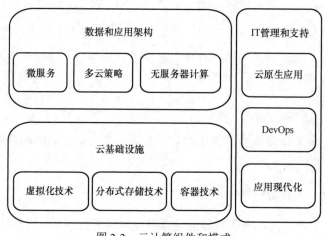

图 3-3　云计算组件和模式

3.3.1　云基础设施

虚拟化技术是云计算的基础，它可以将物理计算资源（如服务器、存储设备）虚拟化成多个虚拟资源，使这些虚拟资源可以灵活分配和管理。虚拟化技术为云计算平台提供了弹性和灵活性。

容器技术允许开发者将应用程序及其所有依赖项（如库、配置文件等）打包成一个可移植的容器，该容器可以在不同的环境中运行。

分布式存储技术是一种将数据分布在多个物理或虚拟设备上，以实现高可用性、可扩展性和容错性的存储解决方案。这些技术允许数据在集群中的不同节点之间进行复制、分片、备份和管理，以满足不断增长的数据需求和应用程序的要求。

3.3.2　数据和应用架构

微服务是一种软件架构模式，其中应用程序被拆分为一组小型的、自治的服务单元，每个服务单元都可以独立开发、部署、扩展和管理。每个微服务都专注于一个特定的业务功能，通过轻量级通信机制（如 HTTP、消息队列等）进行交互。

多云策略指企业同时使用多个不同云服务提供商的产品，以获得更大的灵活性和资源选择。这可能包括使用多个公有云/私有云，以满足不同工作负载的需求。

无服务器计算，也称函数即服务（Function as a Service，FaaS），是一种云计算模式，其中开发者可以编写、部署和运行代码片段（通常是函数），而无须关心底层的服务器等基础设施。

3.3.3　IT 管理和支持

云原生应用是一种软件开发和交付的方法，旨在最大限度地发挥云计算平台的优势，实现更高的敏捷性、可伸缩性和可靠性。云原生应用的设计和构建考虑了云环境的特点，并利用了现代的开发工具、方法和技术。

DevOps 是一种软件开发和运维的方法，旨在通过促进开发团队和运维团队之间的协作和沟通，实现更快、更可靠的应用程序开发、部署和运维流程。DevOps 结合了"开发"（Development）和"运维"（Operation），强调了软件开发和运维团队之间的协同工作，以实现更高效的交付和更有效的质量控制。

应用现代化指将传统的应用程序迁移到云环境，并利用云计算的优势进行优化和改进，以满足现代业务需求。现代化的云计算应用可以提供更高的可靠性、可扩展性、灵活性和性能，从而增强业务的竞争力和创新能力。

3.4　云计算安全

云计算安全是一个重要的话题。因为在云计算中，用户的数据和应用程序被存储在第三方提供商的云服务上，而不是存储在本地服务器或数据中心，因此，确保云计算环境的安全对于用户和企业来说是至关重要的。

以下是一些云计算的安全考虑和实践。

数据加密：在数据传输和存储过程中采用加密技术，以确保数据在传输和存储过程中不会被未经授权的人访问。

身份认证和访问控制：使用身份验证和授权机制，确保只有授权的用户可以访问特定的资源和服务。

多租户隔离：在共享云资源的多租户环境中，确保不同用户的数据和应用程序得到适当的隔离，以防止跨租户的数据泄露。

防火墙和入侵检测系统：部署防火墙、入侵检测系统等安全设备，监测和阻止潜在的网络攻击和恶意行为。

漏洞管理：定期进行漏洞扫描和漏洞管理，及时修复系统和应用程序中的安全漏洞。

日志和审计：使用日志记录系统和用户活动，并进行定期审计，以便追踪异常行为并进行必要的调查。

紧急响应计划：制定和实施紧急响应计划，以应对安全事件、数据泄露等突发情况。

数据备份与恢复：定期备份云中的数据，并测试数据恢复过程，以确保在数据丢失或损坏时能够快速恢复。

安全技能和意识培训：为员工提供安全技能和意识培训活动，使其了解安全最佳实践，并降低社会工程学、钓鱼等攻击的风险。

供应商管理：对云服务提供商进行严格的选择和审核，确保他们具有足够的安全措施来保护用户数据。

总的来说，云计算的安全是一个持续的过程，需要云服务提供商和用户共同努力，采取一系列措施来保障数据和应用的安全。用户在选择云服务提供商时，也应该充分考虑其提供的安全性能和合规性。

3.5 云计算的应用

当今，云计算已经成为许多行业的核心基础设施，为企业提供灵活、可扩展和成本效益高的解决方案。以下是一些云计算应用场景的具体例子。

在线存储和文件共享：云存储服务（如阿里云和华为云）允许用户在任何地方通过互联网访问文件。多人协作、自动同步和数据备份是这些服务的关键特点。

企业应用和协作：云计算提供了许多企业应用，例如办公套件（如腾讯文档、钉钉等），这些套件支持文档在线编辑、电子邮件、日历和团队协作，使员工能够在不同地点和设备上协同工作。

电子商务：电子商务平台（如京东和淘宝网）为在线零售商提供了托管服务、弹性计算和数据库服务，支持其在线销售和交易。

移动应用后端：移动应用可以使用云计算提供的后端服务，如云存储、身份验证、推送通知和实时数据库，这使得开发者可以专注于应用的前端和用户体验，不必关心底层基础设施。

大数据分析：云计算平台（如阿里云和华为云）提供了强大的大数据处理和分析工具，允许企业在云中存储、处理和分析大规模数据，以提取有价值的信息。

人工智能和机器学习：云计算服务为机器学习应用和人工智能应用提供了计算资源。研究人员和开发者可以使用云平台进行模型训练、推理和部署。例如使用华为云利用人工智能技术实现智能辣椒分拣，如图 3-4 所示。

图 3-4　华为云智能辣椒分拣

3.6　云计算的可持续发展

在人们享受着数据实时上传下达便利的同时，云计算企业遍布全国的数据中心（如图 3-5 所示）正在飞速计算。根据工信部等六部门联合印发的《算力基础设施高质量发展行动计划》发展目标，2023—2025 年我国算力规模复合增长率为 18.5%，2024 年新增算力规模将接近 40 EFLOPS，算力核心产业规模有望突破 2.4 万亿元。

图 3-5　数据中心

技术进步的背后，是越来越大的能源消耗。开源证券研究所的统计结果显示，在一个数据中心能耗的分布中，散热系统能耗的占比高达 40%。也就是说，数据中心每耗费一度电，只有一半左右用在了"计算"上，其他的则浪费在了散热、照明等方面。计算和散热几乎陷入了一场零和博弈，计算量越大则散热消耗的电量越大，如果不消耗足够的能源提高散热能力，将直接影响数据中心的性能、密度和可靠性。

"数"为数据，"算"为算力。算力，也就是对数据进行处理的能力。"东数西算"，简而言之，就是建设数据中心，把东部地区经济活动产生的数据和需求，放到西部地区来计算和处理，从而缓解东部地区的用能压力。在算力向西的过程中，大幅提升绿色能源使用比例，就近消纳西部绿色能源，进而持续优化数据中心能源使用效率也是"东数西算"工程的目标之一。

根据"东数西算"工程的具体规划，国家将在京津冀、长三角、粤港澳大湾区、成渝、内蒙古、贵州、甘肃和宁夏 8 地启动建设国家算力枢纽节点，并在张家口、芜湖、韶关等地建设 10 个国家数据中心集群，如图 3-6 所示。

根据"东数西算"文件要求，东部地区集群数据中心的 PUE 指标必须控制在 1.25 以内，西部地区 PUE 指标必须控制在 1.2 以内，平均上架率不低于 65%。到"十四五"规划末期，东部数据中心总量占比由 60% 下降至 50% 左右，西部数据中心总量占比由 10% 上升至 25% 左右。

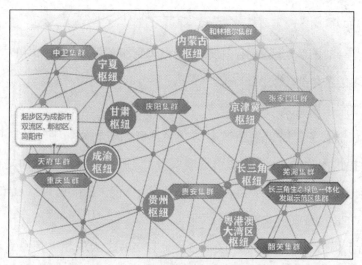

图 3-6 "东数西算"工程总体布局

有专家指出,未来需要不断打造柔性用能电力模块,形成适配数据中心的多能互补能源结构。这种能源模块化的方法将为大规模的计算和存储需求提供可靠的能源支持。数据中心可以根据负荷情况和能源供应情况,智能地调整能源使用模式,确保高性能的同时降低碳排放。

习 题

3-1 什么是云计算?简述云计算的发展历史。

3-2 简述云计算、人工智能、物联网之间的关系。

3-3 云计算有几种部署模式和服务模式?请简要说明。

3-4 云计算的关键技术和流行实践有哪些?

3-5 云计算可能有哪些安全问题,应该如何防范?

3-6 我国云计算的可持续发展有哪些途径?

实 验

1. 实验主题

使用阿里云或者其他云计算平台完成图像文字识别、物体和场景识别。

2．实验说明

某云计算平台的图像文字识别、物体和场景识别服务可以将图像中的文字提取出来，并识别出图像中的物体和场景。

（1）图像文字识别服务

图像文字识别服务可以识别图像中的文字，例如印刷体和手写体。用户可以通过上传图片或者提供图片的 URL 来使用这项服务。该服务会将图像中的文字内容提取出来，这对扫描文档、图像文字翻译、文字搜索、光学字符识别（Optical Character Recognition，OCR）等应用非常有用。

图 3-7 所示内容是一张名片，这张名片上有名片主人的相关信息。现在需要从这幅图像中提取出这些信息并将其转换成文本格式，以便后续编辑和处理。

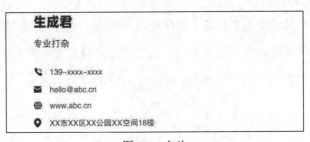

图 3-7　名片

使用该云计算平台的图像文字识别服务，获得类似图 3-8 所示的文本。

图 3-8　名片文本

（2）物体和场景识别服务

物体和场景识别服务可以识别图像中的物体和场景。它可以自动检测图像中的物体，如人、车、动物等，还可以识别场景，如海滩、山脉、建筑等。这项服务可以用于图像分类、内容标签化、图像搜索等应用。

例如，图 3-9 所示图像便可使用这项服务识别其中场景。

图 3-9　某公司外景

3．实验内容

（1）申请阿里云账号，步骤如图 3-10 所示。

图 3-10　阿里云网站首页

（2）访问阿里云视觉智能主页，如图 3-11 所示。

（3）找到场景识别服务入口，如图 3-12 所示，进入产品体验页面。

（4）单击进入产品体验页面并上传本地图片，如图 3-13 所示。

图 3-11　阿里云智能视觉主页

图 3-12　场景识别服务入口

图 3-13　场景识别服务之产品体验

（5）获取识别结果，如图 3-14 所示。

图 3-14　场景识别结果

4. 提交文档

下载上述实验结果，对结果进行分析和评价，并提交分析报告。

项目四　大数据之所来——物联网

物联网通过无线通信技术、传感器和互联网连接物理世界中的设备和对象，实现数据的实时采集、分析和远程控制，推动智能化、自动化的生活和工业应用发展。它将万物互联，为人们创造了更便捷、更高效、更智能的生活方式和商业模式。

本章主要内容如下。

（1）物联网的概念，以及大数据、云计算和物联网的关系。

（2）物联网的关键技术，包括传感器、无线通信、二维码等。

（3）物联网的典型应用。

导读案例

案例4　智慧路灯物联网开发解决方案

要点：智慧路灯物联网开发解决方案是智慧城市项目中的一个项目，利用现有城市的路灯分布资源来实现智慧城市的各种智能应用。

从国家层面来看，我国已有300多个城市启动了智慧城市规划与建设，智慧城市已呈现遍地开花的总体格局。除了环渤海、长三角和珠三角三大经济区，成渝经济圈、武汉城市群、关中—天水经济圈等中西部地区智慧城市建设均呈现良好发展态势。

照明预算占智慧城市建设预算的12%，因此智慧路灯照明方案对整个智慧城市的建设有着积极的借鉴意义。本方案以智慧路灯为载体，把智能照明作为智慧城市的一个入口，打造照明、安防、环境、广告等一体化的综合管理平台，为智慧城市其他切入口提供可行的借鉴思路。

从智慧街区层面看，智慧街区需要打造具有独特标签的智慧新区。节能环保是智慧城市的核心诉求，在新技术的推动下，依托智慧路灯开拓智慧城市新的商业模式。智慧路灯是对现有街区传统路灯的一种技术革新，是利用路灯分布广且具备供电条件的先天优势，在灯杆上加载各种设备，如 Wi-Fi、PM2.5 监测设备、广播器、视频监控摄像头、多媒体液晶屏、充电桩等，将灯杆作为设备的载体，结合街区的功能属性特点、环境、地理等多方面因素，为街区设计出一套有针对性的解决方案，并为街区提供智慧应用的云端综合管理平台。智慧路灯照明方案示意如图 4-1 所示。

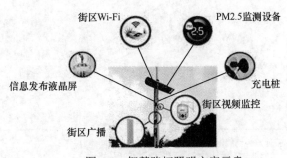

图 4-1 智慧路灯照明方案示意

4.1 物联网的概念

4.1.1 什么是物联网

物联网是一种新兴的技术，可以通过互联网将各种物理设备、传感器、电子设备、软件和网络结合在一起，使它们能够相互交流和共享信息。简而言之，物联网是一种物体之间通过互联网进行连接、通信和交换数据的网络。

在物联网中，各种设备和物体可以通过传感器采集数据，并将数据通过网络传输到云端或其他设备，然后进行处理、存储和分析。通过数据分析和智能算法，物联网系统可以实现智能化、自动化和更高效的运作，以提供更好的服务和用户体验。

物联网的应用场景非常广泛，涵盖了智能家居、智能城市、智能交通、工业自动化、健康医疗、智慧农业等领域，对提高生产效率、节约资源、提升生活质量和解决社会问题具有重要意义。

然而，物联网的发展也面临一些挑战，如数据隐私和安全性、标准化、设备互操作性等问题，需要不断地进行技术改进和制定相关规范。

4.1.2　物联网、云计算和大数据之间的关系

大数据、云计算和物联网之间有着密切的关系，如图 4-2 所示。这 3 种技术构成了一个相互依赖、相互促进的生态系统。

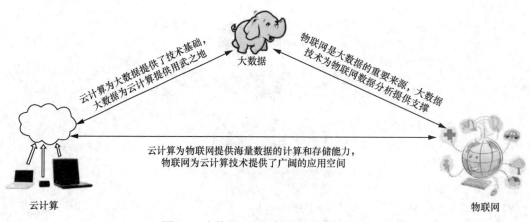

图 4-2　大数据、云计算与物联网的关系

（1）物联网与大数据的关系

物联网中的设备和传感器能够采集大量的实时数据，这些数据包含来自不同设备和环境的各种信息。这些数据的规模和复杂程度迅速增加，形成了所谓的大数据，因此，物联网为大数据提供了数据来源。

（2）大数据与云计算的关系

处理大数据需要大规模的计算和存储资源。传统的企业数据中心通常难以应对大数据的处理需求，而云计算提供了弹性计算和存储资源，可以满足处理大数据所需的庞大规模和复杂度。云计算的弹性计算和存储能力使得处理大数据变得更加高效和灵活。

（3）物联网与云计算的关系

物联网设备生成的大量数据需要进行处理、分析和存储，而物联网设备的计算和存储能力通常有限，因此无法直接进行复杂的大数据处理。云计算提供了强大的计算和存储资源，可以作为物联网数据的中心处理和存储平台。物联网设备可以通过互联网将收集的数据上传到云端进行处理，然后将处理结果返回给设备端，实现分布式计算和存储。

物联网、大数据和云计算三者结合，可以实现更智能、更高效和更灵活的系统。物联

网设备可以实时收集数据并将其传输到云端进行大数据处理，实现实时监控、预测分析、智能决策等应用。同时，云计算中的大数据分析结果也可以反馈给物联网设备，实现更智能化和自动化的控制。

4.2　物联网的关键技术

物联网是一个复杂的系统，集合了多种关键技术，如图 4-3 所示，以实现设备之间的连接、数据传输、处理和应用。

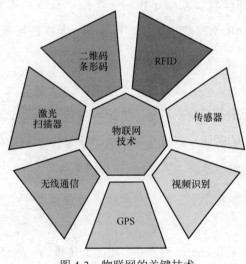

图 4-3　物联网的关键技术

（1）RFID

射频识别（Radio Frequency Identification，RFID）技术是一种通过无线射频信号进行数据传输和识别的技术。它使用射频信号来自动识别和跟踪物体、动物或人员，并将相关信息传输给读/写设备。RFID 系统包括标签、读写器、中央数据库等组件，具有许多应用场景。

（2）传感器

传感器是一种能够感知和检测物理量或环境参数，并将所感知的内容转换成可用信号输出的设备。它是物联网、智能设备和自动化系统的关键组件。

（3）视频识别

视频识别是指通过计算机视觉技术对视频数据进行分析和处理，从中提取有用信息或识别特定对象、动作、场景等内容。视频识别技术在计算机视觉和人工智能领域发挥着重要作用，应用领域广泛，如安防监控、智能交通、媒体和娱乐等。

（4）GPS

全球定位系统（Global Positioning System，GPS）技术是一种利用卫星定位系统来确定地球上特定位置的技术。GPS 由美国政府建设和运行，于 20 世纪 70 年代开始发展，现在已经成为全球范围内被广泛使用的定位系统之一。GPS 通过接收卫星信号，计算出接收器所在的位置、速度。

（5）无线通信

物联网设备需通过网络进行通信，传输收集到的数据。常见的无线通信技术包括 Wi-Fi、蓝牙、ZigBee、LoRaWAN、NB-IoT、5G 等，不同的场景和需求可能采用不同的通信方式。

（6）激光扫描器

激光扫描器是一种利用激光技术进行三维空间扫描和建模的设备，可以通过测量激光光束从目标表面反射回来的时间和强度信息，从而获取目标表面的三维坐标和形状数据。激光扫描器广泛应用于测绘、建筑、工程、文化遗产保护、制造业等领域，用于快速、精确地获取物体或场景的三维模型。

（7）二维码

二维码是一种用于存储数据的编码图像。相比于传统的一维条形码，它可以在两个方向上存储更多的数据。二维码以矩阵的形式展现，由黑白方块组成，每个方块代表一定的信息。

这些技术相互协作，共同构成了物联网的基础技术，为实现智能化、自动化和更高效的互联世界奠定了基础。随着技术的不断发展，物联网的应用场景将变得更加丰富和多样化。

4.3 物联网的应用

物联网应用非常广泛，涵盖了许多领域，如图 4-4 所示。

智能家居：通过连接家中的设备和系统，实现智能化控制，如智能照明、温控、安全系统、家电控制等。

图 4-4　物联网应用示例

智能健康：监测和收集个人健康数据，如可穿戴设备、健康传感器，用于远程监护、医疗诊断等。

工业自动化：在制造业中，物联网可用于设备监控、远程维护、生产优化，提高生产效率和质量。

农业和农村：物联网可以用于监测土壤湿度、气象数据、作物生长情况，帮助实现精准农业和资源优化。

城市智能化：构建智能城市，监控交通流量、垃圾管理、能源使用等，提高城市管理效率和市民生活质量。

智慧交通：通过车辆与基础设施的连接，实现交通流量优化、自动驾驶等。

物流与供应链：追踪物品在供应链中的位置和状态，提高物流效率，降低丢失率和损坏率。

环境监测：监测空气质量、水质、噪声等环境参数，用于保护环境和预警。

能源管理：监控能源使用情况，实现能源消耗的优化和节约。

零售业：通过物联网技术，实现智能货架、无人商店、消费者行为分析等。

智能穿戴设备：智能手表、健身追踪器等设备可以监测用户的健康状况和活动。

智能环境：利用传感器和自动化技术，控制室内环境参数，如温度、湿度、光照等。

教育：在教育领域，物联网可以改进学习体验，提供个性化教育资源和工具。

安全监控：监控设备可以用于家庭安防、公共场所监控等。

随着技术的不断发展，物联网的应用领域还将不断扩展和深化。

习　题

4-1　什么是物联网？物联网和大数据的关系是怎样的？

4-2　物联网的关键技术是什么？物联网如何实现设备之间的连接和通信？

4-3　物联网的应用领域有哪些？请举例说明。

项目五　大数据之所用——人工智能

人工智能是一个跨学科的综合领域，旨在研究和开发能够模拟、扩展和辅助人类智能的理论、方法、技术和应用系统。在与大数据相关的新兴技术中，人工智能自出现以来一直是人们关注的焦点。2023 年 ChatGPT-4 大模型异军突起，生成式人工智能大模型强大的创造能力，使得人类社会发生深刻变革，未来人工智能社会的雏形已经初见端倪。

本章主要内容如下。

（1）人工智能的概念，大数据和人工智能的关系。

（2）人工智能的发展历史和现代发展。

（3）人工智能的核心技术，如深度学习、计算机视觉、自然语言处理。

（4）人工智能的典型应用场景。

（5）人工智能的新发展，包括自动驾驶、盘古大模型等。

导读案例

案例 5　大模型开启人工智能新时代

要点： 大模型的发展是大势所趋，大模型未来会助推数字经济，为智能化升级带来新范式。

ChatGPT 的"狂飙"式发展拉开了大模型时代的序幕，千亿甚至万亿参数的大模型陆续出现。

毋庸置疑，"东数西算"工程的推进，高性能计算、数据分析、数据挖掘等技术的快速发展，开启了通用认知大模型时代。目前，大规模的生态已初具规模。

根据 IDC 在 2023 年发布的《AI 大模型技术能力评估报告》，未来大模型将带动新的产业和服务应用范式，在深度学习平台的支撑下将成为产业智能化基座。企业需加快建设人工智能统一底座，融合专家知识图谱，打造可面向跨场景或行业服务的"元能力引擎"。

ChatGPT 是在 GPT 基础上进一步开发的自然语言处理模型。GPT 是一种自然语言处理模型，使用多层变换器来预测下一个单词的概率，通过训练在大型文本语料库上学习到的语言模式来生成自然语言文本。从 GPT-1 到 GPT-4，GPT 的智能化程度不断提升。GPT-4 诞生于 2023 年 3 月，GPT-4 比 GPT 之前的版本更具创造性和协作性，可以更准确地解决难题，可为 ChatGPT 和新 Bing 等应用程序提供支持。

从技术角度来看，大模型发源于自然语言处理领域，以谷歌的 BERT、OpenAI 的 ChatGPT 和百度的文心一言大模型为代表，参数规模逐步提升至千亿甚至万亿级别，同时用于训练的数据量级也显著提升，带来了模型能力的提高。此外，继语言模态之后，如视觉大模型等其他模态的大模型研究也逐步受到重视。进一步地，单模态的大模型被统一整合起来，模拟人脑多模态感知的大模型出现，推动了人工智能从感知到认知的发展。

ChatGPT 的出现，预示着生成式人工智能的发展迎来重要转折。

随着数字经济、元宇宙等概念的逐渐兴起，人工智能进入大规模落地应用的关键时期，但其开发门槛高、应用场景复杂多样、对场景标注数据依赖等问题开始显露，这阻碍了规模化落地。人工智能大模型凭借其优越的泛化性、通用性、迁移性，为人工智能大规模落地带来新的希望。

趋势已然，大模型技术是人工智能发展的一个重要里程碑，将会带来一场以人工智能为驱动力的"工业革命"，我国在该领域内必然不会缺席。大模型潮流的挺进，必然会加速中国人工智能"新赛道"的构建。大模型必将开启人工智能新时代（如图 5-1 所示）。

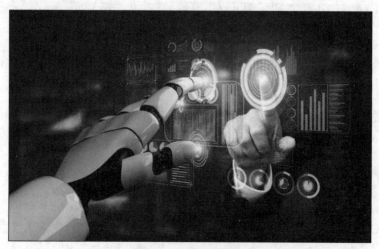

图 5-1　大模型开启人工智能新时代示意

5.1　人工智能的概念

5.1.1　什么是人工智能

人工智能是研究与开发用于模拟、延伸和扩展人的智能的理论、方法、技术和应用系统的一门新的技术科学。

从字面上看,"人工智能"一词可分为"人工"和"智能"两个部分。"人工"指的是"人工系统",是人类加工改造的自然系统或人类借助系统创造出的新系统。"智能"的基本解释是:从感觉到记忆,再到思维的这一过程,称为"智慧";智慧产生了行为和语言,将行为和语言的表达过程称为"能力"。"智慧"与"能力"合称"智能"。感觉、记忆、回忆、思维、语言、行为的整个过程被称为智能过程,它是智力和能力的表现。

人工智能是计算机科学的一个分支,通过了解智能的实质,并产生一种新的能以与人类智能相似的方式作出反应的智能机器。人工智能领域的研究包括机器人、语言识别、图像识别、自然语言处理、专家系统等。人工智能理论和技术日益成熟,应用领域也不断扩大,人工智能带来的科技产品将会是人类智慧的"容器"。

5.1.2　人工智能和大数据的关系

人工智能和大数据是密不可分的,两者之间存在着相互依赖的关系。人工智能需要大数据的支撑和输入,而大数据需要人工智能的分析处理。我们可以从以下三方面解释人工智能和大数据的关系。

(1)大数据为人工智能提供数据支撑

大数据是人工智能实现智能化的基础。人工智能算法需要大量的数据先进行训练和优化,之后才能进行数据分析、预测和决策。大数据提供了海量数据(如社交网络数据、传感器数据和其他来源的文本、音频、图片、视频等数据),这些数据通过机器学习和深度学习算法转换成能够被计算机识别和处理的格式。通过分析大数据,人工智能可以识别出数据中的模式和趋势,并利用这些信息来推断新的结果。

（2）人工智能提供更高效、更精准的大数据处理和分析工具

大数据需要人工智能来挖掘和分析数据中的价值信息。海量的数据包含着各种各样的信息，但是大多数数据是冗余的、无意义的或者不重要的。人工智能不仅可以从大数据中学习和发现规律，还可以为大数据的处理和分析提供更高效、更精准的工具和方法。人工智能的算法可以自动发现、提取、识别和分类数据中的模式和关联信息，并且将其转化为实用的知识和洞见。这些洞见可以帮助企业优化业务流程、提高客户体验、开发新的产品或服务等，为企业获取更高的价值。

（3）大数据和人工智能的结合可以促进技术的创新和发展

随着大数据的不断增长和人工智能技术的不断发展，大数据和人工智能的结合将在未来得到更广泛的应用。

AIGC 是大数据和人工智能结合的典型应用。AIGC 指基于人工智能技术，通过已有数据寻找规律，并自动生成内容的生产方式。AIGC 既是一种内容分类方式，也是一种内容生产方式，还是一类用于内容自动生成的技术集合。AIGC 改变了大数据的生产方式和来源，它产生的有价值的内容本质上也是一种大数据。2022 年被称为 AIGC 元年，新一代的模型可以处理的模态大为丰富且支持跨模态产出，可以支持人工智能插画、文字生成配套视频等常见应用场景，如图 5-2 所示。大量的人工智能绘画工具涌入市场，以 Stable Diffusion 为代表的软件纷纷开源，大大降低了人工智能作图应用程序的开发门槛，进一步将人工智能概念推向新的高潮。在主流的短视频平台、社交平台，逐渐产生出大量的人工智能绘画内容。

图 5-2　AIGC 的应用

可以预见，大数据和人工智能的结合可以为各行各业带来更多的创新和发展机会，已成为未来科技领域的重要趋势，将深刻改变人类社会和生活形态。

5.2 人工智能的发展历史

5.2.1 古代的机器人

古代的机器人是古代的科学家、发明家研制出的自动机械物体，是现代机器人的鼻祖。

春秋战国时期，被称为木匠祖师爷的鲁班利用竹子和木料制造出一个木鸟。这个木鸟能在空中飞行，"三日不下"。这件事在古书《墨经》中有所记载，这个木鸟可称得上世界第一个空中机器人。

公元前2世纪，古希腊人发明了一个机器人，该机器人用水、空气和蒸汽压力作为动力，能够动作，会自己开门，可以借助蒸汽唱歌。

三国时期的诸葛亮既是一位军事家，也是一位发明家。他成功创造出的"木牛流马"，可以运送军用物资，被视为最早的陆地军用机器人。

500多年前，达·芬奇在手稿中绘制了西方文明世界的第一款人形机器人。他用齿轮作为驱动装置，由此通过两个机械杆的齿轮再与胸部的一个圆盘齿轮咬合，实现机器人胳膊的挥舞，以及坐下或者站立。后来，意大利工程师根据达·芬奇留下的草图苦苦揣摩，耗时15年造出了被称作"机器武士"的机器人，如图5-3所示。

图 5-3 机器武士

1928年，W. H. Richards 发明了第一个人形机器人埃里克·罗伯特（Eric Robot）。这个机器人内置了电机装置，能够进行远程控制和声频控制。

1939 年，美国纽约世博会上展出了西屋电气公司制造的家用机器人 Elektro。它由电缆控制，可以行走，不过离真正干家务活还差得远。

1942 年，美国科幻巨匠阿西莫夫提出"机器人三定律"，虽然这只是科幻小说里的创造，但后来成为学术界默认的研发原则，具体如下。

原则 1：机器人不得伤害人类，或看到人类受到伤害而袖手旁观。

原则 2：机器人必须服从人类的命令，除非这条命令与原则 1 相矛盾。

原则 3：机器人必须保护自己，除非这种保护与以上两个原则相矛盾。

人类对人造生命和人造智能从未停止过想象和追求，但限于理论、技术和工艺水平，古代的机器人只能停留在"自动机械物体"的层面上。直到现代计算机理论体系建立，人类才终于看到了制造真正"人造智能"的曙光。

5.2.2　图灵测试

艾伦·麦席森·图灵（Alan Mathison Turing）是英国的计算机科学家、数学家、逻辑学家、密码分析学家和理论生物学家，如图 5-4 所示。而他更为大众所熟知的身份，是计算机科学与人工智能之父。

图 5-4　艾伦·麦席森·图灵

1936 年，图灵提出了一种抽象计算模型，即将人们使用纸和笔进行数学运算的过程进行抽象，由一个虚拟的机器替代人们进行数学运算，这就是图灵机，也称为图灵运算。图灵机通过假设模型证明了任意复杂的计算都能通过一个个简单的操作完成，从理论上证明了"无限复杂计算"的可能性，直接给计算机的诞生提供了理论基础，也为研究能思考的机器提供了方向指引。

1950 年，图灵发表了一篇划时代的论文"Computing Machinery and Intelligence"，文中预言了创造出具有真正智能的机器的可能性。由于注意到"智能"这一概念难以确切定义，他提出了著名的图灵测试：被测试的一个是人类，另一个是声称自己有人类智力的机器。测试时，测试人与被测试人和机器是分开的，测试人只能通过一些装置向被测试人和机器问一些问题，随便问什么都可以。问过一些问题后，如果测试人能够正确地分出谁是人谁是机器，那么机器没有通过图灵测试；如果测试人没有分出谁是机器谁是人，那么机器通过了图灵测试，这一简化使得图灵能够令人信服地说明"思考的机器"是可能的。图灵测试是人工智能哲学方面第一个严肃的提案。

根据人们的大体判断，达成能够通过图灵测试的技术涉及以下几种：自然语言处理、知识表示、自动推理和机器学习。目前 ChatGPT 通过了图灵测试。

5.2.3　人工智能的现代发展

1956 年夏天，在达特茅斯学院，约翰·麦卡锡（John McCarthy）邀请了一批信息科学界的专家，共同进行了为期两个月的研讨会，目标是"精确、全面地描述人类的学习和其他智能，并制造机器来模拟"。这次达特茅斯会议被公认是人工智能这一学科的起源。

达特茅斯会议后，人工智能领域的发展却并非一帆风顺。与所有高新科技一样，人工智能的探索也经历反复挫折与挣扎、繁荣与低谷，经过了几起几落。每个兴盛期都有不同的技术在里面起作用。人工智能研究的发展历程如图 5-5 所示。

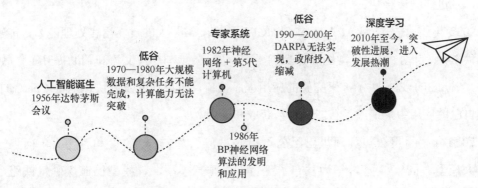

图 5-5　人工智能研究的发展历程

人工智能的发展可以划分为以下 3 个阶段。

第一阶段（1950—1979 年）：这个阶段称为规则引擎阶段，经历了人工智能诞生期和第一次低谷。这个时期的人工智能以控制论、信息论和系统论为理论基础，主要是基于规则引擎等技术，通过人工编写规则来实现推理和决策。这个时期的人工智能受限于当时硬件发展水平，机器的计算能力不足，无法完成大规模的数据处理和复杂任务，各方面研究都遇到技术瓶颈。

第二阶段（1980—1999 年）：这个阶段称为统计学习阶段，经历了神经网络的兴起和第二次人工智能发展低谷。该阶段的主要特点是采用基于数据驱动的统计学习方法，通过训练模型从数据中学习规律。这个阶段的代表性研究包括支持向量机、决策树、机器学习等。这个阶段出现了一种采用人工智能程序的专家系统，可以简单地理解为"知识库+推理机"的组合。但是，专家系统具有知识获取困难、无法自动进化规则等缺陷，慢慢被商业公司放弃，风光不再。

第三阶段（2010 年至今）：这个阶段称为深度学习阶段，主要特点是采用深度神经网络等技术，通过多层次的非线性变换来实现高级别的抽象和表示，取得了在图像识别、自然语言处理等领域的重大突破。从某种意义来说，这个阶段正是大数据和人工智能结合，人工智能取得重大突破和应用大放异彩的阶段，典型的标志事件如下。

2011 年，谷歌推出采用人工智能技术的无人驾驶系统，开创了自动驾驶时代。

2012 年，谷歌的深度学习算法实现图像识别突破，人脸识别等计算机视觉技术得到广泛应用，开创了人工智能的新篇章。

2016 年，AlphaGo 击败世界围棋冠军，证明人工智能可以在复杂游戏中取胜人类。

2018 年，AlphaGo Zero 经过 3 天的训练便超越了 AlphaGo，证明了人工智能可以自学习，且进步速度极快。

2022 年 11 月，OpenAI 发布的 ChatGPT 具有非常强大的自然语言处理能力，能够实现自动聊天、自动回复、自动翻译等功能，可以更有效地与用户交流和辅助提升工作效率。此外，ChatGPT 还提供了一套完整的应用程序接口，可以让开发者快速地将 ChatGPT 集成到自己的应用中，使人工智能更容易获取和使用。

2023 年，百度公司和阿里巴巴公司相继发布了"文心一言"和"通义千问"自然语言大模型。同年 7 月，华为发布了盘古 3.0 垂直模型，该模型已在煤矿、铁路、气象、金融、代码开发、数字内容生成等领域发挥作用，可以提升生产效率、降低研发成本。

人工智能的发展历程展现了人类智慧的无限潜力。在政府决策、商业投资、大数据环境的相互作用下，人工智能将是未来最具变革性的技术，无处不在的人工智能将成为趋势。我们共同期待未来人工智能取得更大突破，为人类带来更美好的未来。

5.3 人工智能的核心技术

为了能让机器像人一样思考，人工智能必须涵盖很多的学科，如图5-6所示。人工智能的表现形式和相关学科如下所示。

会看：图像识别、文字识别、车牌识别。

会听：语音识别、说话人识别、机器翻译。

会说：语音合成、人机对话。

会行动：机器人、自动驾驶汽车、无人机。

会思考：人机对弈、定理证明、医疗诊断。

会学习：机器学习、知识表示。

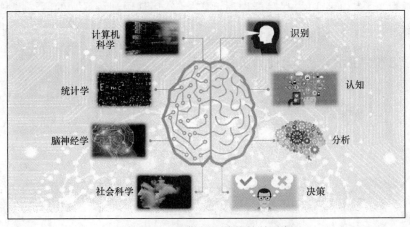

图5-6　人工智能涵盖的学科示意

从理论基础出发，人工智能从之前以数理逻辑的表达与推理为主，发展到以概率统计的建模、学习和计算为主。目前，人工智能的核心技术包括深度学习、计算机视觉、自然语言处理等。

5.3.1　深度学习

深度学习是机器学习领域中一个新的研究方向。深度学习技术学习样本数据的内在规律和表示层次，在学习过程中获得的信息对诸如文字、图像和声音等数据的解释有很大的帮助。深度学习是一种复杂的机器学习技术，在语音和图像识别方面取得的效果远远超过先前相关技术。

在机器学习中，人们需要告知算法如何使用更多的信息进行准确的预测（如通过执行特征提取）。在深度学习中，得益于人工神经网络结构，算法可以了解如何通过自身的数据处理进行准确预测。

区别于传统的机器学习，深度学习有如下特点。

强调了模型结构的深度：通常有5层、6层甚至10多层的隐藏层节点。

明确了特征学习的重要性：也就是说，深度学习通过逐层特征变换，将样本在原空间的特征表示变换到一个新特征空间，从而使分类或预测更容易。与人工规则构造特征的方法相比，深度学习利用大数据来学习特征，更能够刻画数据丰富的内在信息。

深度学习通过设计和建立适量的神经元计算节点和多层运算层次结构，选择合适的输入层和输出层；通过网络的学习和调优，建立起从输入到输出的函数关系（虽然不能100%找到这种函数关系，但是可以尽可能地逼近它），然后使用训练成功的网络模型，实现对复杂事务处理的自动化要求。

机器学习和深度学习过程对比如图5-7所示。

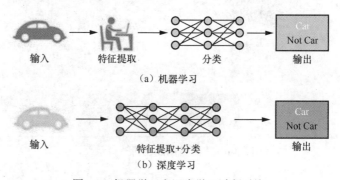

图 5-7　机器学习和深度学习过程对比

人工神经网络由连接的节点层构成，深度学习模型使用包含大量隐藏层的神经网络。

深度学习在搜索、数据挖掘、机器学习、机器翻译、自然语言处理、多媒体学习、推荐和个性化，以及其他相关领域都取得了丰硕成果。深度学习使机器能够模仿视听和思考等人类的活动，解决了很多复杂的模式识别难题，使得人工智能相关技术取得了很大进步。

5.3.2　计算机视觉

计算机视觉是一门研究如何使机器"看"的科学，即指用摄影头和计算机代替人眼对目标进行识别、跟踪和测量等的机器视觉，并进一步做图形处理，用计算机处理成为更适合人眼观察或传送给仪器检测的图像。计算机视觉是一门关于如何运用摄像头和计算机来获取拍摄对象信息的技术，形象地说，就是给计算机安装上眼睛（摄像头）和大脑（算法），让计算机能够感知环境。因为感知可以被看作从感官信号中提取信息，所以计算机视觉也可以看作一门研究如何使计算机系统从图像或多维数据中"感知"的科学。作为一门学科，计算机视觉开始于 20 世纪 60 年代初，但计算机视觉的重要进展和广泛商用是在大数据和深度学习技术结合之后。

计算机视觉作为一种模拟人类视觉的技术，通过算法和数学模型来使计算机识别和理解图像或视频中的对象和场景。计算机视觉的基本流程如图 5-8 所示，具体如下。

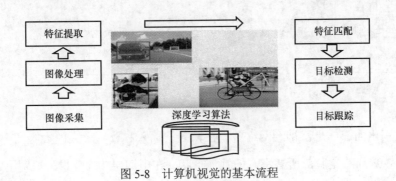

图 5-8　计算机视觉的基本流程

图像采集：计算机视觉的第一步是获取图像或视频。这需要使用摄像头、扫描仪或其他设备来捕捉图像或视频。

图像处理：对采集后的图像或视频进行预处理。这包括降噪、增强图像对比度等操作，以便更好地提取有用信息。

特征提取：从图像或视频中提取关键特征。这包括物体的形状、大小、颜色、纹理等信息。

特征匹配：识别物体时需要将提取的特征与已知物体的特征进行匹配。这涉及匹配算法，如 SIFT[1]、SURF[2]等。

---

[1] SIFT，Scale-Invariant Feature Transform，尺度不变特征转换。
[2] SURF，Speeded up Robust Features，加速稳健特征。

目标检测：一旦特征匹配成功，就可以进行目标检测。这将使用深度学习算法。

目标跟踪：跟踪在图像或视频中移动的目标。这涉及卡尔曼滤波器等算法。

利用深度学习实现人脸识别的原理示意如图 5-9 所示。

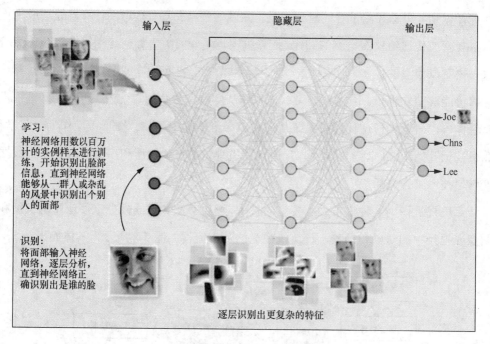

图 5-9　利用深度学习实现人脸识别的原理示意

为了识别出面部信息，神经网络首先在输入层输入和分析个人的人脸图像。接下来，在下一层中，选择特定脸部所有特有的几何形状。在中间层（隐藏层）识别出眼睛、嘴巴等其他特征，直到更高一层识别出一张组合好的完整面部。

计算机视觉作为一门新兴应用技术，和大数据结合后，在人类生活、生产中有着广泛的应用场景。

自动驾驶：计算机视觉广泛应用于自动驾驶汽车中，用于识别和跟踪其他车辆、行人、路标和障碍物等，然后由决策系统智能决定驾驶动作，完成自动化驾驶行为。

工业自动化：计算机视觉可用于工业自动化，如质量控制、物料分类、机器人视觉等。

医疗影像：计算机视觉可以用于医疗影像分析和诊断，如检测病变、识别病灶、诊断疾病等。

安防监控：计算机视觉可以应用于安防监控领域，如视频监控、人脸识别、行为分析等。

人机交互：计算机视觉可以用于人机交互，如手势识别、面部表情分析和眼动追踪等。

艺术创作：计算机视觉可以用于艺术创作，如计算机生成艺术、虚拟现实和增强现实等。

零售业：计算机视觉可用于零售业，如人脸识别支付、商品识别和智能柜台等。

5.3.3 自然语言处理

自然语言处理（Natural Language Processing，NLP）是计算机科学领域与人工智能领域中的一个重要方向，研究能实现人与计算机之间用自然语言进行有效通信的各种理论和方法。这一领域的研究涉及自然语言，即人们日常使用的语言，所以它与语言学有着密切的联系，但又有着重要的区别。自然语言处理并不是一般性地研究自然语言，而是研制能有效地实现自然语言通信的计算机系统，特别是其中的软件系统，因而它是计算机科学的一部分。

自然语言处理中需应用深度学习模型，如卷积神经网络、循环神经网络等，通过对生成的词向量进行学习来完成自然语言分类、理解的过程。与传统的机器学习相比，基于深度学习的自然语言处理技术具有以下优势：深度学习能够以词或句子的向量化为前提，不断学习语言特征，掌握更高层次、更加抽象的语言特征，满足大量特征工程的自然语言处理要求。深度学习无须专家人工定义训练集，可通过神经网络自动学习高层次特征。

自然语言处理成为人工智能行业应用落地最多的方向。自然语言处理在生活中随处可见，如小度智能音箱、语音输入、同声传译、文章续写等，这些应用在一些领域极大地提高了人们处理事情的效率。下面介绍一些自然语言处理常见的应用场景。

1. 机器翻译

机器翻译在互联网时代的应用很广。例如，阅读开源软件的外文官网时经常会遇到翻译不准确的句子；写论文时需要撰写一部分英文摘要，这些在没有机器翻译的时候，人们只好通过查字典或找专业人士帮忙翻译。现在只要打开百度翻译、有道翻译等软件，就可以将一种语言自动翻译成另外一种语言。在百度翻译的官网首页可以看到，现在百度已经支持将一种语言翻译成200多种语言。

2. 语音识别

基于语音识别技术的产品很多，如智能语音客服、小度智能音箱、语音输入法、手机导航、微信提供的语音转文字功能等，这些产品已融入许多人的日常生活。

3．文本分类与情感分析

文本分类与传统的分类任务类似，根据一个被标注的训练集，找到特征和类别之间的模型，再利用模型对新的文档进行类别判断。常见的文本分类包括新闻分类、舆情分析。

情感分析包括人们对产品、某类事件的讨论和评价，在市场营销、政治学、金融、公共卫生等领域具有广泛的应用。例如，人们在购物的时候可以通过他人的评价来决定是否购买这件商品。政府部门也可以通过重大事件的舆情分析，避免恶性事件和虚假事件的发生。

4．问答系统

问答系统是用自然语言回答用户提出的问题，是信息检索的一种高级形式，目前具有广泛的发展前景。问答系统分为文本问答系统、阅读理解性文本问答系统、社区问答系统。

5．字符识别

字符识别是一个将图片中的文字或纸上的文字识别出来并显示在计算机屏幕上的过程。现在基于字符识别的应用系统很多，如身份证/银行卡识别系统、银行票据识别系统、车牌识别系统、增值税发票识别认证系统。

5.4 人工智能的应用

人工智能将改变甚至重新塑造各行各业，许多人工智能应用已融入每个行业的基础。人工智能技术变成行业大系统的基本构造元素，行业的创新发展与人工智能赋能密切相关，人工智能对人类社会的生产和生活产生了深远的影响。人工智能应用的范围主要聚焦于 9 个领域：智能制造、智慧家居、智慧金融、智能医疗、智慧教育、智慧安防、智慧物流、智慧交通和智慧零售。这里先介绍 3 种，其他在本书应用篇中将进行详细介绍。

5.4.1 智能制造

智能制造是一种由智能机器和人类专家共同组成的人机一体化智能系统，该系统在制造过程中能进行智能活动，诸如分析、推理、判断、构思、决策等，通过人与智能机器的合作，来扩大、延伸和部分地取代人类专家在制造过程中的脑力劳动。它把制造自动化的概念更新和扩展到柔性化、智能化和高度集成化。随着工业制造 4.0 时代的发展，传统的制造业在人工智能的推动下迅速发展。人工智能在制造领域的应用主要分为以下 3 个方面。

智能装备：例如自动识别设备、人机交互系统、工业机器人、数控机床等。

智能工厂：例如智能设计、智能生产、智能管理及集成优化等。

智能服务：例如个性化定制、远程运维及预测性维护等。

吉利西安工厂（黑灯工厂）号称是全球首个全架构、全能源、全车系超级智能工厂，部分流程的自动化率高达 100%。该工厂拥有 696 台机器人，只有总装车间有少量人工装配，但其底盘整体已实现自动合装，造车实力可见一斑。从原材料到最终成品，所有的加工、运输、检测过程均在智能工厂内完成，不需要人工操作，把工厂交给机器。工业机器人最直接的目的是取代工厂人力，降低生产成本，提高生产效率。

智能工厂能够顺应时代发展的潮流，减少劳动力的开支，尽可能多地提高企业的生产效率和产品质量。除此之外，智能工厂还可以完成一些危险品的生产工作，保障工人的安全。在工业制造 4.0 时代，无人工厂将是标配，而吉利西安工厂就是这样的无人工厂（如图 5-10 所示）。

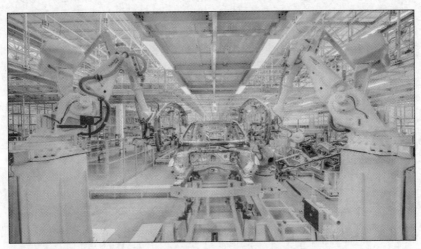

图 5-10　吉利西安工厂（智能制造车间）

5.4.2　智慧教育

智慧教育主要指将人工智能技术应用于教育领域的信息化，利用数字化、网络化、智能化、多媒体化等促进教育现代化进程。

2023 年华为发布的智慧教育行业解决方案，围绕智慧教室、计算机教室等场景，推出面向高教、普教的智慧教育解决方案，助力学校升级校园基础设施，打造完整的智能终端应用体系；构建线上与线下融合的教研新形态，针对课前—课中—课后全场景提供教学研方案，提升学校教育治理能力和水平，助力解决教育热点、难点问题；打造全联接、全感知、全智能的数字化校园，满足课堂互动、随堂测验、课后练习等教与学全场景交互需求方案；依托人工智能，实现教育场景智能识别，全面记录与学生相关的学、教、考数据，助力精准分析学情，实现因材施教。

5.4.3 智慧零售

智慧零售运用互联网、物联网技术，使用人工智能技术感知消费习惯、预测消费趋势、引导生产制造，为消费者提供多样化、个性化的产品和服务。人工智能在零售领域应用广泛，例如无人便利店、智慧供应链、客流统计、无人车和无人仓等均应用了人工智能技术。无人售卖机已进化成智能无人零售终端，不仅能售卖，更能与用户进行友好互动，通过人脸识别技术收集用户消费兴趣和行为数据。数字化消费过程使得人、货、场能精准匹配。此外，移动支付已经成为现在用户生活的一部分，为智能无人零售终端在消费层面的闭环提供了先决条件。

无人自助店是未来零售行业方向。无人零售行业在中国处于快速发展阶段，中国普通消费者借助无人自助设备进行消费的行为已经越来越普遍。在楼宇和景点等地方，人们已经可以通过图 5-11 所示的 3 个步骤在自动售货店完成购物，其中应用了人脸识别、图像识别等人工智能技术。

图 5-11　自动售货店购物步骤

5.5　人工智能的发展

人工智能未来将继续向着更加智能化的方向发展。随着深度学习、自然语言处理、计算机视觉等技术的不断进步，人工智能将能够更加准确地识别和理解人类语言、行为和情感，并能够自主地进行决策和学习。未来，人工智能将能够更好地适应各种场景和任务，为人类社会带来更多的便利和创新。

未来，人工智能的应用场景将进一步扩大。随着各行各业数字化、智能化程度的不断提高，人工智能将更加广泛地应用于医疗、教育、金融、制造等各个领域，为人类社会带来更多的价值和效益。

此外，人工智能的安全和隐私问题也将成为关注的焦点。随着人工智能技术的普及，越来越多的数据将会产生和共享，如何保障数据的安全和隐私成为一个重要的问题。未来需要加强对人工智能技术的监管和规范，建立更加完善的安全和隐私保护机制，确保人工智能技术的安全性和可靠性。

5.5.1 自动驾驶

汽车自动驾驶系统，是一种通过车载计算机系统实现无人驾驶的智能汽车系统，其本质是从机器视角来模拟人类驾驶员的行为。汽车自动驾驶系统一般包含 4 个部分：感知系统、决策系统、执行系统和通信系统，其中，决策系统成熟度是自动驾驶能否快速大规模商业落地的关键。

例如，特斯拉全自动驾驶系统采用的是纯视觉路线，模拟人类的驾驶习惯，即用眼睛看、用大脑思考、用自身的经验和实际情况做出加减速、踩刹车等动作。车身的多个摄像头相当于人类的眼睛，实时拍摄并识别车辆周边物体；把获取的图像等信息传输给车载计算机，这相当于人类大脑接收眼睛看到的景象；车载计算机经过一系列复杂的计算，实时绘制出汽车周边的三维影像，并在中控大屏中显示。如果车身周边的情况需要车辆做出反应，那么车载计算机会自行计算并分析，把需要执行的信息传递给方向盘、加速踏板和制动踏板等执行部件，从而实现对车辆的控制。特斯拉全自动驾驶示意如图 5-12 所示。

决策能力需要依靠对大量数据进行深度学习，即将基础数据加速转化为决策能力。在整个深度学习过程中，涉及对持续产生的数十拍字节（PB）原始数据进行预处理、数据筛选、数据标注、数据清洗、训练、筛选模型等一系列环节。图 5-13 展示了自动驾驶人工智能学习工作流程，可以看出，这不仅要求全自动驾驶系统能够可靠存储数十拍字节

（PB）的数据，还对数据跨平台流动，训练时的高吞吐、低时延能力和持续优化存储成本提出更高要求。

图 5-12　特斯拉全自动驾驶示意

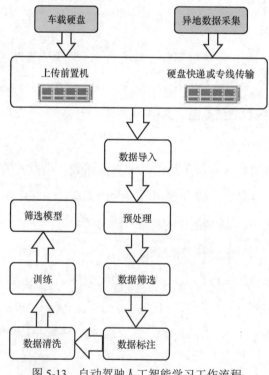

图 5-13　自动驾驶人工智能学习工作流程

　　算法、算力和数据是人工智能的三大要素，其中的数据在模型训练中拥有不可忽视的影响。一方面，Transformer 等大模型在大量数据训练下才能表现出更佳性能的特性对训练数据的要求更高。特斯拉相关人员在 2022 年"AI DAY"上曾表示，训练特斯拉在用系统采用了 14 亿张图像数据。另一方面，由于自动驾驶面临的场景纷繁复杂，诸多长尾问题需要在现实或虚拟场景中获取，因此数据闭环在自动驾驶领域弥足重要。数据作为"自动驾驶能力函数"的自变量，被认为是决定能力发展的关键。

5.5.2　大模型

OpenAI 在 2022 年 11 月发布的 ChatGPT 具有非常强大的自然语言处理能力，具有自动聊天、自动回复、自动翻译等功能，可以更有效地与用户交流，提升工作效率。2023 年，OpenAI 发布的 ChatGPT-4 在各个领域引起了巨大的轰动，因为它的人工智能水平达到了一个新的高度。从 ChatGPT 发布以来，国内外都迎来了新一轮大模型浪潮。

大模型是"大语言模型"的简称，包含了预训练和大模型两层含义，这两者结合产生了一种新的人工智能模式，即模型在大规模数据集上完成预训练后无须微调，或仅对少量数据进行微调，就能直接支撑各类应用。基于自监督学习的模型在学习过程中会体现出各个不同方面的能力，这些能力为下游的应用提供了动力和理论基础，因此我们称这些大模型为"基础模型"，简单理解就是智能化模型训练的底座。

大模型从 2012 年的萌芽期发展到 2016 年的 AI 1.0 时期，再到 2022 年 ChatGPT 带来的 AI 2.0 时期，模型参数均较前一代有数量级的飞跃。例如，OpenAI 发布的多模态预训练大模型 GPT-4 约有 2200 亿个参数；谷歌推出的"通才"大模型 PaLM-E 拥有全球已公开的最大规模的 5620 亿个参数，能够表现出更优秀的性能和应用价值。目前，国内大模型的研发和应用也迎来了高速发展热潮，科技部新一代人工智能发展研究中心联合发布了《中国人工智能大模型地图研究报告》，报告显示国内各类大模型产品层出不穷，"千模大战"已经打响。

大模型可以学习和处理更多的信息（如图像、文字、声音等），也可以通过训练完成各种复杂的任务（如智能语音助手和图像识别软件都会用到大模型）。

图 5-14 展示了大模型的生成关系：人工智能→机器学习→深度学习→深度学习模型→预训练模型→预训练大模型→预训练大语言模型。

百度创始人、董事长兼首席执行官李彦宏在 2023 中关村论坛上发表了题为《大模型改变世界》的演讲。他表示，当前正处在全新起点，这是一个以大模型为核心的人工智能新时代，大模型改变了人工智能，大模型即将改变世界。大模型成功地压缩了人类对于整个世界的认知，让人们看到了实现通用人工智能的路径。人工智能再次成为人类创新的焦点，越来越多的人认可第四次产业革命正在到来，而这次革命是以人工智能为标志的。

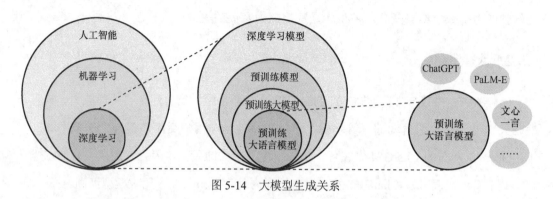

图 5-14　大模型生成关系

第一，大模型重新定义了人机交互。自然语言人机交互会带来提示词革命。未来程序员的薪酬水平将取决于提示词写得好不好，而不是取决于代码写得好不好。李彦宏表示，10 年后全世界有 50%的工作会是提示词工作，因此提出问题比解决问题更重要。

第二，大模型会重新定义营销和客服。谁拥有最佳的与客户沟通的方式，谁就会拥有客户。

第三，大模型会催生人工智能原生应用。用人工智能原生思维重构所有的产品、服务和工作流程，不是整合，也不是接入，而是进行重构。

未来，很可能每一个行业都有属于自己的大模型。大模型会深度融合到实体经济当中去，赋能千行百业，助力中国经济开创下一个黄金 30 年。

大数据模型是人类社会目前集数据、算法、算力综合的成果，其训练成本极其巨大。举例来说，GPT-4 拥有上千亿个参数，为了训练 GPT-4，OpenAI 耗费了巨大的资源。训练数据集包含约 13 万亿个 token，训练时间长达 100 天。而这一训练的成本高达 6300万美元。

那么，现在国内外有哪些大模型？

（1）国外拥有大模型的公司及主要产品

OpenAI：OpenAI 是一家人工智能研究公司，拥有多个大模型，包括 GPT 等。

Google：Google 拥有很多大型深度学习模型，包括 BERT、Transformer 等。

Facebook：Facebook 拥有很多大型深度学习模型，包括 XLM-R、RoBERTa 等。

Microsoft：Microsoft 的 Azure OpenAI 企业级服务可以直接调用 OpenAI 模型，提供面向 Microsoft 365、Dynamics 365、Power Platform 等产品的一系列服务。这种应用代表了通用人工智能普遍的商业合作方式。

（2）国内拥有大模型的公司及主要产品

百度：百度云自研大模型——文心一言、文心千帆。

阿里：阿里云自研大模型——通义千问、通义万相。

科大讯飞：科大讯飞大模型——讯飞星火。

华为：华为垂直大模型——盘古大模型。

360：360 的人工智能产品矩阵——360 智脑。

此外，腾讯、京东、字节跳动、同花顺等企业也都拥有自己的人工智能大模型产品。

目前人工智能大模型研究主要集中在中美两国，呈现"千模大战"的格局，其中我国 10 亿级参数规模以上大模型已超 80 个。大模型是新型关键基础设施的底座之一，大模型的竞争也是国家科技战略的竞争，我国需要布局全栈自主创新的大模型产品，同时要构建国产化算力。

5.5.3 华为云盘古大模型

作为国内较早布局大模型的科技公司，华为从 2020 年开始立项，做盘古大模型，并于 2021 年 4 月发布了该模型。盘古大模型一直颇受业界关注。与百度的文心一言、阿里的通义千问不同，盘古大模型强调在细分场景的落地应用，主要解决商业环境中低成本大规模定制的问题，用人工智能赋能千行百业。

2023 年 7 月，华为发布了盘古大模型 3.0，明确定位"为行业而生"，也首次对外公布了盘古大模型的全栈创新和行业大模型方案。盘古大模型从芯片使能、人工智能框架、人工智能平台全栈创新实现了自主开发。未来，AI for Industries 或将是人工智能新的爆发点。

盘古大模型 3.0 是一个面向行业的大模型系列，其架构包括 3 层，涵盖当前人工智能的各个主流方向。如图 5-15 所示，第一层为基础大模型，包括 NLP、多模态、CV（视觉）、预测、科学计算等大模型；第二层为行业大模型，提供适配行业特征的行业大模型，包括政务、金融、制造、药物分子、矿山、铁路、气象等大模型；第三层为场景大模型，更加专注于某个具体的应用场景或特定业务，提供丰富的场景模型服务。

大模型的创新不仅仅是模型自身的创新，更是全栈式的创新，即对算力、算子、计算框架及平台进行全面优化。目前盘古大模型在性能、深度、架构及数据增强方面均进行了升级。盘古大模型实现了以鲲鹏和昇腾为基础的人工智能算力云平台，以及异构计算架构 CANN、全场景人工智能框架昇思 MindSpore、人工智能开发生产线 ModelArts 的全栈自主创新。

昇腾人工智能云服务除了支持华为人工智能框架 MindSpore 外，还支持 PyTorch、Tensorflow 等主流人工智能框架。这些框架 90%的算子可以通过华为端到端的迁移工具平滑迁移到华为昇腾平台。

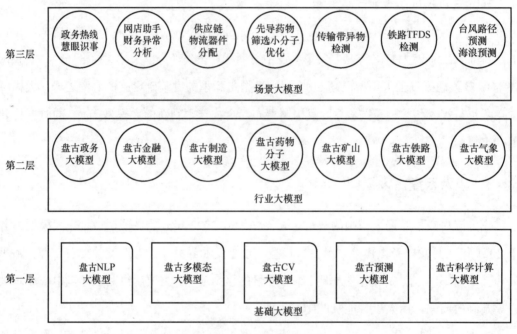

图 5-15　盘古大模型架构

习　题

5-1　什么是人工智能？什么是图灵测试？

5-2　简述 2010 年以后人工智能所处的发展阶段及其特点。

5-3　相比于传统机器学习，深度学习有哪些特点？

5-4　请描述计算机视觉技术中使用深度学习进行人脸识别的原理和过程。

5-5　请举例说明智能制造。

5-6　什么是大模型？中国的大模型研究状况如何？

实　验

1．实验主题

使用国产人工智能大模型提高学习效率。

2．实验说明

随着人工智能技术的不断发展和应用，人工智能辅助教育正逐渐成为教育界的热点话题。作为一种新型教育模式，人工智能辅助教育不仅可以为学生提供更加个性化和高效的学习体验，还可以提供更加精准和全面的教学支持。2023 年，ChatGPT、文心一言、通义千问等大模型已经走进人们的工作和生活，它们不仅能够理解自然语言，还能够模拟人类的思维模式和语言表达方式。大模型除了能够回答用户提出的问题、提供相关的信息，还具备学习能力，通过与用户的对话不断提升自己的回答质量和准确性。无论是学业、工作、创意创作还是日常生活中的各种问题，大模型都能提供准确、快速和个性化的帮助，帮助学生提高学习效率。

3．实验内容

（1）申请文心一言或通义千问大模型账号，设计下面（2）～（7）内容的问题，每个问题有明确的范围和定义，之后对结果进行分析。如果申请了多个不同大模型账号，那么对不同大模型的回答结果进行对比和分析。

（2）完成检索文献和查找学习资料任务。例如：请提供××行业大数据模型一些最新的参考知识和文献。或者，我想自学 Python，请给我推荐一些图书和文章。

（3）制定学习计划。例如：我想自学 Python，请给出一个 2 周的学习计划，要求给出每天的学习内容和知识点。

（4）生成知识点的练习题。例如：生成一套大数据导论的练习题和答案，或者查找书本上习题的答案。

（5）完成文字工作，例如写信、写报告等。例如：请写一份英文的给××大学的申请信，或者请撰写一份国潮服饰消费者画像报告等。

（6）使用 AIGC。例如：请帮忙画一张×××大学鲜花盛开的背景图。

（7）其他内容，如问答类或者其他有创意的问题设计。

4．提交文档

根据以上内容撰写一份 Word 格式的报告文档，设计问题并对结果进行分析，结合自身的使用感受思考如何使用大模型提高学习效率。

·应用篇·

项目六 大数据创造美好生活

大数据是未来社会发展的关键驱动力。收集、分析和利用大数据，可以获得更深入的洞察和理解，推动科学、技术、商业和社会的进步。大数据与智能家居和电子商务关联，将为人们创造一个更智能、便捷、个性化的未来。通过收集和分析大量的用户数据，智能家居系统可以实现自动化调控，提供更舒适、智能化的居住体验。同时，大数据在电子商务领域的应用可以帮助电商平台了解用户需求，提供个性化的商品推荐和服务，提高用户满意度和销售效率。这些应用不仅可以提升用户体验，也可以为企业运营带来更高的效益。

本章主要内容如下。

（1）推荐系统的概念和模型。

（2）常用的推荐算法。

（3）推荐系统在电子商务领域的应用。

（4）大数据在智能安防、智能养老、智能监控方面的应用。

导读案例

案例6 京东的"猜你喜欢"功能

要点："猜你喜欢"功能涉及的后台技术为商业智能（Business Intelligence，BI）推荐系统模型，即将现有的用户数据进行有效整合，快速、准确地提供决策依据，帮助产品更好地呈现内容。

在购物网站中，运用"猜你喜欢"的页面大致如下：首页（如图6-1所示）、搜索结果页、商品详情页、购物车页、个人中心页、购买成功页、订单详情页、物流详情页、大促销页等。接下来，我们将分场景介绍在不同页面上如何设计"猜你喜欢"功能。

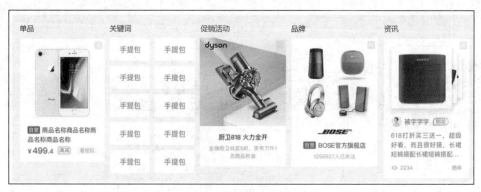

图6-1　购物网站首页

（1）首页

首页是最重要的运用场景，如京东、淘宝、严选等购物网站的首页都是以"猜你喜欢"作为长尾展示。用户在浏览首页时，大多以无目的闲逛为主。当用户未在重点活动或栏目入口处点击，此时进入长尾内容的"猜你喜欢"是留住用户的重点，因此，首页的"猜你喜欢"的推荐逻辑多以用户历史浏览记录为依据向用户推荐相关产品，以激发用户的潜在需求。

（2）搜索结果页

搜索是用户购物时使用的工具，此时用户的目的明确，但不排除所输入词汇系统不可识别而出现默认页，或者筛选出的结果太少等情况的发生。为避免这些情况的发生，购物网站往往会通过"猜你喜欢"的形式，根据识别出的用户所输词汇的部分字段，或者以用户的历史浏览记录向用户进行推荐。

（3）商品详情页

用户在浏览商品详情页时，目的较为明确：对此商品有较高兴趣或需求。在此场景下，若用户未直接购买，如何让用户在此场景下继续逛下去很重要，因此，商品详情页"猜你喜欢"的推荐逻辑多以相似商品或排行榜形式来向用户推荐，以此来补充用户的比较、筛选场景的需求。

（4）购物车页

购物车页属于功能型页面。用户在此页面多数是查看已加购物车商品或选择商品进行支付。进入购物车页（查看购物车）是进行支付环节的前一步，以目的性浏览为主。如何提升下单率是电商关注的重点，因此，购物车页"猜你喜欢"大多以购物车记录为依据向用户推荐，以满足用户对比和筛选的需求，其表现形式如：购物车有×××的人还在对比，购买×××商品的人还买了×××。

（5）个人中心页

个人中心页与购物车页一样，也属于功能型页面，是用户相关信息整合页，以目的性浏览为主。此页面"猜你喜欢"的作用是补充内容，长尾展示以用户曝光商品为主，推荐逻辑大多以用户历史浏览记录为依据向用户推荐。

（6）售后环节：购买成功页、订单详情页、物流详情页

售后环节的购买成功页/订单详情页/物流详情页与个人中心页一样，是用户相关信息整合页，以目的性浏览为主。"猜你喜欢"在此处的作用是补充内容，长尾展示以用户曝光商品为主。推荐逻辑将此订单商品的连带商品向用户推荐，挖掘用户的潜在需求。

（7）大促销页：主会场、分会场等

大促销页是运用"猜你喜欢"的另一重要页面。大促销页内容较多，页面篇幅也较长，"猜你喜欢"主要作为补充内容进行长尾展示。推荐逻辑大多以用户历史浏览记录+会场属性为依据向用户推荐。因大促销页的设计及促销信息繁杂，此时"猜你喜欢"的样式设计趋向简单，样式多以图片、标题、价格、看相似等基础元素组合为主，以一行多个商品的形式进行展示。

6.1 大数据在电子商务领域的应用

随着大数据时代的到来，网络信息飞速增长，用户面临着信息过载的问题。虽然用户可以通过搜索引擎查找自己感兴趣的信息，但是，在用户没有明确需求的情况下，搜索引擎也难以帮助用户有效地筛选信息。为了让用户从海量信息中高效地获得自己所需的信息，推荐系统应运而生。推荐系统是大数据在互联网领域的典型应用，它可以通过分析用户的历史记录来了解用户的喜好，从而主动为用户推荐其感兴趣的信息，满足用户个性化的需求。

6.1.1 推荐系统的概念

随着互联网的飞速发展，网络信息的快速"膨胀"让人们逐渐从信息匮乏的时代步入了信息过载的时代。借助于搜索引擎，用户可以从海量信息中查找自己所需的信息。但是，通过搜索引擎查找内容是以用户有明确的需求为前提的，用户需要将其需求转化为相关的

关键词进行搜索，因此，当用户需求很明确时，搜索引擎的结果通常能够较好地满足用户的需求。例如，用户打算从网络上下载一首由筷子兄弟演唱的名为《小苹果》的歌曲时，只要在百度音乐搜索栏中输入"小苹果"，就可以找到该歌曲的下载地址。然而，当用户没有明确需求时，就无法向搜索引擎提交明确的搜索关键词，这时，看似"神通广大"的搜索引擎也会显得无能为力，难以帮助用户对海量信息进行筛选。如果用户突然想听一首自己从未听过的最新的流行歌曲，面对众多的当前流行歌曲，用户可能显得茫然无措，不知道哪首歌曲适合自己的口味，因此，用户就不可能告诉搜索引擎要搜索什么名字的歌曲，搜索引擎自然无法为其找到爱听的歌曲。

推荐系统是可以解决上述问题，它通过分析用户的历史数据来了解用户的需求和兴趣，从而将用户感兴趣的信息、物品等主动推荐给用户。在"猜你喜欢"这个案例中，推荐系统运用"猜你喜欢"的首页、搜索结果页、商品详情页、购物车页、个人中心页、购买成功页、订单详情页、物流详情页、大促销页等页面，为用户快速、准确地提供决策依据，帮助产品做出更好的呈现效果。

推荐系统是自动联系用户和物品的一种工具。和搜索引擎相比，推荐系统通过研究用户的兴趣偏好，进行个性化计算。推荐系统可发现用户的兴趣点，帮助用户从海量信息中发掘自己潜在的需求。

6.1.2 推荐系统模型

如图 6-2 所示，一个完整的推荐系统通常包括 3 个模块：用户建模模块、推荐对象建模模块、推荐算法模块。推荐系统首先对用户进行建模，根据用户的行为数据和属性数据来分析用户的兴趣和需求，同时也对推荐对象进行建模。接着，基于用户特征和物品特征，采用推荐算法计算得到用户可能感兴趣的对象，之后根据推荐场景对推荐结果进行一定的过滤和调整，最终将推荐结果展示给用户。

推荐系统通常需要处理规模庞大的数据，既要考虑推荐的准确度，也要考虑计算推荐结果所需的时间，因此，推荐系统一般可进一步细分成离线计算与实时计算两部分。离线计算对数据量、算法复杂度、时间的限制均较少，可得出较高准确度的推荐结果。而在线计算要求能快速响应推荐请求，能容忍相对较低的推荐准确度。实时推荐结果与离线推荐结果相结合的方式能为用户提供高质量的推荐结果。

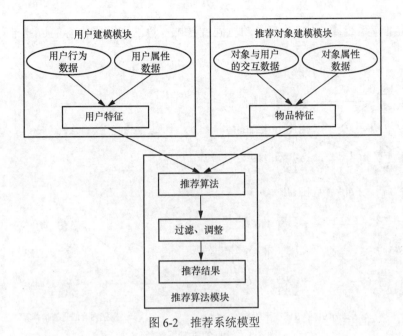

图 6-2　推荐系统模型

6.1.3　推荐算法

　　构建推荐系统本质上要解决"5W"的问题。如图 6-3 所示，当用户在晚间休闲，上网阅读小说时，推荐系统在阅读的军事小说下方向他推荐三国志游戏，并给出推荐理由"纸上谈兵不如亲身实践"。

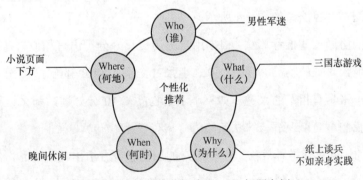

图 6-3　个性化推荐解决"5W"问题案例

　　这是一个较好的推荐案例，很多军迷用户会下载游戏试玩。反之，如果在用户白天开会投屏时弹出提示框向用户推荐"巴厘岛旅游"，这会给在场的同事留下该用户不认真工作的印象，他也会非常恼火。可见，除了向谁（Who）推荐什么（What）外，承载推荐的产品场合（Where）和推荐时机（When）也非常重要。

常用的推荐系统算法如下，其中的协同过滤推荐算法和基于内容的过滤推荐算法如图6-4所示。

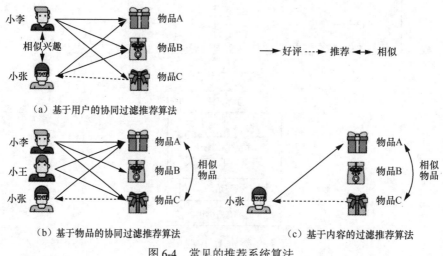

（a）基于用户的协同过滤推荐算法

（b）基于物品的协同过滤推荐算法　　　（c）基于内容的过滤推荐算法

图6-4　常见的推荐系统算法

（1）协同过滤推荐算法

协同过滤推荐算法的核心是分析用户的兴趣和行为，利用共同行为习惯的群体有相似喜好的原则，推荐用户感兴趣的信息。兴趣有高有低，算法会根据用户对信息的反馈（如评分）进行排序，这种方式在学术上称为协同过滤。协同过滤算法是经典的推荐算法，经典意味着简单、好用。协同过滤算法又可以简单分为基于用户的协同过滤推荐算法和基于物品的协同过滤推荐算法，如图6-4所示。

基于用户的协同过滤推荐算法：根据用户的历史喜好分析出有相似兴趣的人，然后给该用户推荐其他人喜欢的物品。假如小李、小张对物品A和B都给了10分好评，那么可以认为小李、小张具有相似的兴趣。如果小李给物品C 10分好评，那么该算法可以把C推荐给小张。我们可简单理解该算法策略为"人以类聚"。

基于物品的协同过滤推荐算法：根据用户的历史喜好分析出相似物品，然后给用户推荐同类物品。例如小李对物品A、B、C给了10分好评，小王对物品A、C给了10分好评，从这些用户的喜好中分析出喜欢A的人都喜欢C，物品A和C是相似的。如果小张给了A好评，那么该算法可以把C也推荐给小张。我们可简单理解该算法的策略为"物以群分"。

（2）基于内容的过滤推荐算法

基于内容的过滤是信息检索领域更为简单、更为直接的算法，其核心是计算出两个物品的相似度。首先对物品或内容的特征进行描述，发现其相关性，然后基于用户以往的喜好记录推荐给用户相似的物品。例如，小张对物品 A 感兴趣，而物品 A 和物品 C 是同类物品，那么该算法可以把物品 C 推荐给小张。

以上算法都各有优缺点。基于内容的过滤推荐算法是基于物品建模，在系统启动初期往往有较好的推荐效果，但是没有考虑用户群体的关联属性；协同过滤推荐算法考虑了用户群体的喜好信息，可以推荐内容上不相似的新物品，发现用户潜在的兴趣偏好，但这依赖足够多且准确的用户历史信息。实际应用中往往不会只采用某一种推荐方法，而是通过一定的组合方法同时采用多种算法，以实现更好的推荐效果。具体选择哪些算法与应用场景有很大的关系。

6.1.4　推荐系统在电子商务领域的应用

在电子商务领域，推荐的价值在于挖掘用户潜在的购买需求，缩短用户到商品的距离，提升用户的购物体验。

京东推荐的演进史是绚丽多彩的。京东推荐起步于 2012 年，当时的推荐产品是基于规则匹配做的。整个推荐产品线组合就像一个个松散的原始部落一样，部落与部落之间没有任何工程、算法的交集。2013 年，国内大数据时代到来，一方面如果企业做的事情与大数据不沾边，就会显得自己水平不够；另一方面京东业务在这一年开始飞速发展，传统的方式已经跟不上业务的发展了，为此，推荐团队专门设计了新的推荐系统，其设计思路如下。

电子商务推荐系统将收集的用户信息、产品信息和用户画像分类作为系统输入，利用适当的推荐算法和推荐方式，根据用户设定的个性化程度和信息发送方式，给用户提供个性化商品推荐。

专业技术人员表示完善的推荐系统一般由四部分组成，按照收集→分析→推荐的步骤分为收集用户信息的用户行为记录模块、分析用户喜好的用户行为分析模块、分析商品特征的商品分析模块，以及推荐算法模块。

用户行为记录模块负责搜集能反映用户喜好的行为，如浏览、购买、评论、京东问答等。用户行为分析模块通过用户的行为记录，分析用户对商品的潜在喜好及喜欢程度，建立用户偏好模型。商品分析模块主要对商品的相似度和搭配度、目标用户标签进行分析。推荐算法根据一定的规则从备选商品集合中筛选出目标用户可能感兴趣的商品进行推荐。

用户行为分析模块是一种根据用户特征（性别、年龄、地域等）、消费行为习惯（浏览、购买、评论、问答等）等信息进行抽象化，建立标签化的用户模型。构建用户行为分析模块的核心是给用户贴"标签"，而标签是通过对用户行为记录进行分析得到的高度凝练的特征标识。推荐系统的难点中很大一部分就在于用户行为分析数据的积累过程极其艰难。

用户行为分析模块与业务本身密切相关。在用户标签足够丰富的时候，我们可以对用户聚类，例如，用 A、B、C、D 这 4 种典型用户画像来代表商城的目标用户，还可以将新用户归类到这些典型用户画像中。

商品分析模块主要根据商品的类目品牌、商品属性、产品评论、库存、销售记录、订单数据、浏览收藏、价格等数据分析商品相似度、商品搭配度（可人工调整），并且给商品打上目标用户标签。

用户行为分析模块、商品分析模块的数据都为推荐算法模块提供基础数据。商品推荐的算法有很多种，需要根据推荐结果反馈不断优化模型。有时候还需要考虑人工因素的权重，如京东自营商品排在前面、评分高的店铺优先推荐等。推荐时还可以用一些特殊推荐：购买此商品的顾客也同时购买、看过此商品后顾客购买的其他商品、经常一起购买的商品。这些都是推荐算法模块给出的推荐。

如果完全按照用户行为数据进行推荐，就会使推荐结果的候选集永远只在一个比较小的范围内，因此，在保证推荐结果相对准确的前提下，推荐系统会按照一定的策略，去逐渐拓宽推荐结果的范围，给予推荐结果一定的多样性。

6.2 大数据在智能家居领域的应用

大数据在智能家居领域的应用非常广泛。首先，通过智能设备收集的大量数据可以用于分析用户的生活习惯和行为模式，从而提供个性化的智能家居服务。例如，根据用户的起床时间和用水习惯，智能家居系统可以自动调节热水器的工作时间，确保用户在需要热水的时间段内有足够的热水可用。

其次，大数据分析可以帮助智能家居系统更好地管理能源消耗。如图 6-5 所示，智能家居设备可以收集和分析家庭的能源使用情况，如电、水和燃气的消耗情况。基于这些数据，系统可以优化能源使用，例如根据用户的离家时间自动关闭灯和一些电器，以减少不必要的能源浪费。

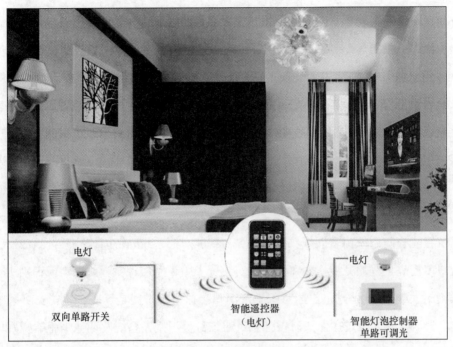

电灯

双向单路开关

智能遥控器
（电灯）

电灯

智能灯泡控制器
单路可调光

图 6-5　智能家居示意

再次，大数据还可以帮助智能家居系统预测和解决问题。通过对设备传感器数据的分析，系统可以检测设备故障或损坏的风险，并提前通知用户进行维修或更换，这有助于提高设备的可靠性和寿命。

最后，大数据还可以用于智能家居产品的改进和创新。通过分析用户使用反馈和市场趋势，制造商可以了解用户需求并进行产品改进。同时，大数据还可以为开发人员提供更多的创新思路，提供更智能、便捷和安全的智能家居体验。

6.2.1　智能安防

智能安防在原安防基础上进行升级，采用物联网、大数据、人工智能等多项先进技术。利用高科技提高区域治安水平，有效提高城市安全管理能力。近年来，国内安防市场保持着升温趋势，智能化成为安防产业大势所趋。那么什么是智能安防呢？下面从家庭智能安防系统、社区智能安防系统、城市智能安防系统三大应用场景展开介绍。

家庭智能安防系统采用物联网、无线电控、微型传感器、防盗报警等多项技术，实现智能家居、防盗报警、紧急求助等功能。例如，用户离家或回家时不需要任何操作，智能家居系统会自动开启或关闭预设的模式，如开灯、开窗帘、关闭居家电源等。如门窗安装有红外光栅，一旦有人非法闯入，红外光栅就会自动报警，并向用户推送异常信息，同时联动摄像头进行拍摄等，打造家庭安防的第一道预警线。

社区智能安防系统运用人工智能人脸识别、门禁、监控视频、楼宇对讲、停车系统等实现小区治安管理和车辆出入管控。社区大门安装基于人脸识别技术的门禁，填补了传统门禁的弊端，提升了智能性和安全性。社区各个角落安装监控摄像头，以便随时能够发现异常。住户开车回家，停车系统会自动识别车辆信息。住户回家直接通过人脸楼宇对讲，扫脸即可开门。全程安全智能出行，全方位保障小区住户的生命安全和财产安全。

城市智能安防系统由智能视频分析系统、智能交通系统、智能监控系统组成。随着我国各大城市雪亮工程的开展，大部分城市安装了人脸识别摄像头，前端实现识别工作，后端对采集的大数据进行分析处理。"张学友演唱会抓逃犯"就是运用了智能安防系统的典型案例之一。嫌疑人经过摄像头时被抓拍，通过身份识别，系统发现他是犯罪嫌疑人，直接将预警信息发送至管控中心，及时调度相关人员实施抓捕。

6.2.2　智能养老

智能养老即"智能居家养老"，是一种新型养老模式。这种养老模式能让老人在日常生活中不受时间和地理环境的束缚，在自己家中过上高质量的生活。

智能居家养老系统基于物联网技术，在居家养老设备中植入电子芯片装置，使老年人的日常生活处于远程监控状态。

（1）远程监控老人

当老人摔倒时，智能居家养老系统中的手表设备能立即通知医护人员或亲属，使老年人能及时得到救助服务。当老年人因饮食不节制、生活不规律而带来各种健康隐患时，智能居家养老设备的服务中心也能第一时间发出警报。智能居家养老设备医疗服务中心会提醒老人准时吃药，分享平时生活中的各种健康事项。如果灶上煮着东西却长时间无人问津，那么安装在厨房里的传感器会发出警报，如果报警一段时间还是无人响应，那么煤气便会自动关闭。老人住所内的水龙头一旦 24 小时没有开过，那么报警系统会通过电话或短信提醒老人的家人。最重要的是，老人身上可以佩戴智能居家养老系统中的定位设备，子女再也无须担心老人外出后走失。

（2）监测健康状况

智能居家养老系统能全方位监测老人的健康状况。手腕式血压计、手表式定位仪等不仅能随时随地监测老人的身体状况，还能知晓他们的活动轨迹。通过改装家中的厕所，实现自动检测老人的尿液、粪便等，这样一来，老人在上厕所的同时，也完成了医疗检查。系统监测到的数据将被直接发送到协议医疗机构的老人电子健康档案。一旦数据出现异常，智能居家养老系统会自动提醒老人及时体检。

（3）隐形伴侣

如果老人想休闲，系统会告知老人当天的电视节目、社区开展的活动等内容；如果家中房门上安装了娱乐传感器，老人进门后，系统便会自动播放他喜爱的音乐，并适时调节室内温度和灯光。

智能居家养老系统中包含老人、民政局、街道办事处、社区服务中心4种角色，民政局、街道办事处、社区服务中心通过专用网络建立高效联动机制。

根据社区内老人的情况，工作人员可为加入社区呼叫系统的老人发放老人专用手机或其他呼叫中心养老平台终端，并将采集的老人档案信息上传至系统内。当老人通过手机上固定的一个拨号键拨打"养老服务中心服务统一电话号码"时，服务中心坐席计算机上就会弹出老人的相关信息（包括姓名、地址、联系电话、儿女亲属电话、所在街道的社区、有无病史、历史需求记录等）。

6.2.3　智能监控

智能监控在嵌入式视频服务器中，集成了智能行为识别算法。对于家庭场景，只需在现有的家庭微机上增加摄像头和相应的软件系统，就可打造功能强、价格低、性能可靠的数字化家庭监控系统。

家用网络摄像机这类家用监控设备支持远程控制，用户可以通过手机等移动终端来查看家中的一切。

当前家用网络摄像机均支持双向语音功能，可实现实时与家人沟通交流。

当然，家用网络摄像机的移动智能监控功能还能让子女随时关注父母的身体状况，如老人在家中意外晕倒、滑倒（如图6-6所示）等，家用网络摄像机能在第一时间将报警信息推送到子女的手机上。子女可以立即拨打求救电话，避免错失最佳的救助时间。

图 6-6 智能监控监测到老人滑倒

习　题

6-1　常用的推荐系统算法实现方案有哪些？

6-2　推荐系统在电子商务中是如何实现个性化推荐的？

6-3　什么是智能安防？智能安防在智能家居中有哪些应用？

6-4　请列举智能监控在智能养老中的作用。

项目七　大数据改变商业形态

信息革命把很多信息融合在了一起，对很多行业而言，如何利用这些大规模的数据成为赢得竞争的关键。"互联网+数据"加速了大数据时代的到来。在商业领域中，决策将更加基于数据分析，最终衍化出新的商业模式，为改造和提升传统产业创造了巨大空间。

本章主要内容如下。

（1）智能物流的概念和作用。

（2）智能物流的应用。

（3）大数据与金融领域的关系。

（4）大数据在金融领域的应用。

导读案例

案例7　中国智能物流骨干网——菜鸟

要点：菜鸟是全国性的超级物流网。阿里巴巴充分利用大数据技术，为用户提供个性化的电商物流服务，实现"以天网数据优化地网效率"的目标。

菜鸟成立于 2013 年，聚焦产业化、全球化和数智化，把物流产业的运营、场景、设施和互联网技术做深度融合。菜鸟面向消费者、商家和物流合作伙伴这类客户，提供 5 类服务板块：全球物流、消费者物流、供应链服务、全球地网、物流科技。

作为电商物流的领军企业，菜鸟为电商企业提供从仓储管理到配送服务的全流程解决方案。通过与阿里巴巴集团旗下的电商平台深度合作，菜鸟能够为商家提供定制化的物流解决方案，帮助其实现订单管理、库存管理、配送服务等全方位的物流功能。

此外，菜鸟网络依托大数据和人工智能技术，不断优化物流体验。通过对海量的物流数据进行分析和挖掘，菜鸟网络能够实现对物流网络的精准调度和预测，提高物流运输的准时性和稳定性。同时，菜鸟网络还通过人工智能技术实现智能化的客服服务和问题处理，为用户提供更加便捷和高效的物流体验。

如今，在"智能制造"不断提倡和发展的浪潮下，一个新的概念"智能仓储"逐渐走进大众视野。智能仓储是仓库自动化的产物，它可通过多种自动化和互联技术实现。这些技术协同工作以提高仓库生产率和运营效率，最大限度减少员工数量和错误。图 7-1 所示为智能化的菜鸟无人仓。

图 7-1　菜鸟无人仓

菜鸟智能物流通过数字化的供应链管理系统和遍布全国的仓储配送设施，为品牌商和产业带工厂提供应对复杂供应链的多样化服务，逐步建立消费供应链与产业供应链并重的服务，能有效实现降库存、提周转，最终实现供应链上下游高效协同，助力产业升级。

7.1 大数据在物流领域的应用

智能物流是大数据在物流领域的典型应用。智能物流融合了大数据、物联网和云计算等新兴技术，使物流系统能模仿人的智能，实现物流资源优化调度和有效配置，从而提升物流系统效率。自从 IBM 在 2010 年提出"智能物流"概念以来，智能物流在全球范围内得到了快速发展。大数据技术是智能物流发挥重要作用的基础和核心。

物流行业在货物流转、车辆追踪、仓储等各个环节都会产生海量的数据，分析这些物流大数据将有助于人们深刻认识物流活动背后隐藏的规律，优化物流过程，提升物流效率。

7.1.1　智能物流的作用

智能物流的重要作用体现在以下几个方面。

提高物流的信息化和智能化水平。智能物流不仅仅限于库存水平的确定、运输道路的选择、自动跟踪的控制、自动分拣的运行、物流配送中心的管理等，而且物品的信息也将存储在特定数据库中，并能根据特定的情况做出智能化的决策和建议。

降低物流成本和提高物流效率。交通运输、仓储设施、信息通信、货物包装和搬运等对信息的交互和共享要求较高，智能物流可以采用如下措施有效地解决这方面问题。

① 利用物联网技术对物流车辆进行集中调度，有效提高运输效率。

② 利用超高频 RFID 标签读写器快速识别货物的进出库情况，实现仓储进出库管理。

③ 利用 RFID 标签读写器，建立智能物流分拣系统，有效地提高生产效率并保证系统的可靠性。

提高物流活动的一体化。智能物流通过整合物联网相关技术，集成分布式仓储管理，强化流通渠道建设，可以实现物流中运输、存储、包装、装卸等环节全流程一体化管理模式，以高效地向客户提供满意的物流服务。

7.1.2　智能物流的应用

智能物流有着广泛的应用。国内许多城市都在围绕智慧港口、多式联运、冷链物流、城市配送等方面，着力推进物联网在大型物流企业、大型物流园区的系统级应用，还将射频标签识别技术、定位技术、自动化技术和相关的软件信息技术，集成到生产及物流信息系统领域，探索利用物联网技术实现物流环节的全流程管理模式，开发面向物流行业的公共信息服务平台，优化物流系统的配送中心网络布局，集成分布式仓储管理及流通渠道建设，最大限度地减少物流环节、简化物流过程，提高物流系统的快速反应能力。智能物流的生产配送流程如图 7-2 所示。

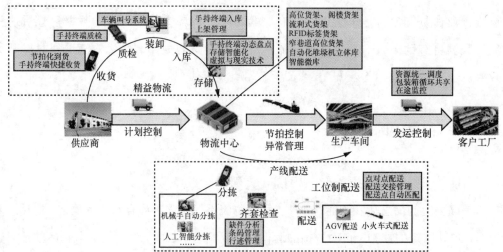

注：AGV，Automated Guided Vehicle，自动导引车。

图 7-2　智能物流的生产配送流程示意

7.2　大数据在金融领域的应用

从发展特点和趋势来看，金融数据与其他跨领域数据的融合应用正不断强化，数据整合、开放共享成为趋势。大数据为金融领域带来了新的发展机遇和源源不断的动能。

大数据技术在金融领域的应用十分广泛，如图 7-3 所示。下面以大数据在银行、证券、保险等行业的应用为代表展开介绍。

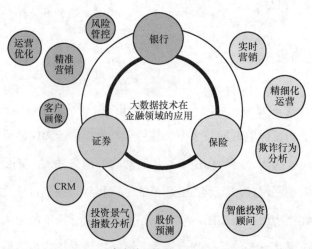

注：CRM，Customer Relationship Management，客户关系管理。

图 7-3　大数据在金融领域的应用

7.2.1 大数据在银行行业的应用

大数据可以帮助银行进行客户画像、精准营销、风险管控和运营优化。

（1）客户画像

基于客户自身数据（如图7-4所示）有时难以得出理想的客户画像，银行会考虑整合外部更多的数据，如社交媒体上的行为数据、电商网站的交易数据、企业客户的产业链上下游数据、客户兴趣偏好类数据（如淘宝平台的用户行为数据等），以扩展对客户的了解。

简言之，银行通过打通内部数据和外部社会化数据来获得更完整的客户拼图，从而实现更精准的营销和风险管控。

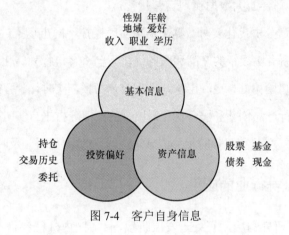

图7-4　客户自身信息

（2）精准营销

大数据可以助力银行实现精准营销，如制定实时营销和交叉营销方案、进行个性化推荐、客户生命周期管理等。

实时营销指根据客户的实时状态进行营销，如针对客户实时所在地、工作情况、婚姻状况、买房、客户近期消费等信息进行营销。交叉营销指银行通过分析客户交易记录等方法，有效地识别小微企业客户，以远程银行来实施交叉销售。

个性化推荐：根据客户喜好进行有针对性的推荐，如根据客户的年龄、资产规模、理财偏好等，进行精准定位，分析其潜在的金融服务需求，以针对性地进行营销推广。

客户生命周期管理包括新客户获取、客户防流失、客户赢回等。例如，银行通过构建客户流失预警模型，对流失率等级在前20%的客户发售高收益理财产品予以挽留，以降低客户流失率。

（3）风险管控

大数据可以帮助银行进行风险管控，如中/小企业贷款风险评估、银行实时欺诈交易识别和反洗钱分析等。

中/小企业贷款风险评估：基于企业生产、流通、销售、财务等相关信息进行实时数据挖掘、贷款风险分析，量化企业的信用额度，从而有效地开展中/小企业贷款。

银行实时欺诈交易识别和反洗钱分析，指利用持卡人基本信息、卡基本信息、交易历史、客户历史行为模式、正在发生行为模式（如转账）等，通过实时数据平台建立起智能规则引擎进行实时交易反欺诈分析和反洗钱分析。

（4）运营优化

银行可以依托各平台的大数据实现运营优化。

银行的市场和渠道分析优化实时数据平台可实时监控不同市场推广渠道的质量，从而进行合作渠道的调整和优化。银行的产品和服务优化平台将客户行为转化为信息流，并从中分析客户的个性特征和风险偏好，更深层次地理解客户习惯，实时化、智能化分析和预测客户需求，有针对性地进行产品创新和服务优化。银行的舆情分析平台实时抓取社区、论坛和微博上关于银行以及银行产品和服务的相关信息，进行正/负面判断，及时发现和处理问题。

7.2.2 大数据在证券行业的应用

券商对大数据的研究与应用正处于发展阶段，目前国内外证券行业主要用大数据开展股价预测、客户关系管理、智能投资顾问、投资景气指数分析方面的工作。

（1）股价预测

国外某大学研究组追踪了 3 家知名企业在社交媒体上的受欢迎程度，比较它们的股价后发现，企业在 Facebook 上的粉丝数、Twitter 上的听众数和 YouTube 上的观看人数均与该企业的股价密切相关。另外，根据品牌的受欢迎程度，人们可以预测股价在 10 天甚至 30 天之后的涨跌情况。

（2）客户关系管理

客户关系管理指将客户细分——通过实时分析客户的账户状态、账户价值、交易习惯、投资偏好和投资收益，进行客户聚类和细分，找出最有价值和可盈利的潜在客户，进行资源配置和政策优化。客户细分示意如图 7-5 所示。

券商可根据客户历史交易行为和流失情况，通过平台建模预测客户流失概率。

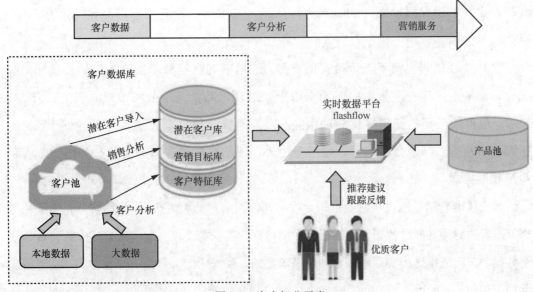

图 7-5 客户细分示意

（3）智能投资顾问

智能投资顾问业务提供线上投资顾问服务，基于客户的风险偏好、交易行为等个性化数据，依靠大数据量化模型，为客户提供低门槛、低费率的个性化财富管理方案。

（4）投资景气指数分析

投资景气指数分析指实时数据平台深入挖掘、分析海量个人投资者真实投资交易信息，掌握交易行为变化、投资信心状态与发展趋势、对市场预期和当前风险偏好等信息。

7.2.3 大数据在保险行业的应用

总体来看，大数据在保险行业主要应用于三方面：实时营销、欺诈行为分析和精细化运营。

（1）实时营销

客户细分和差异化服务除了需要使用风险偏好数据外，还需要结合职业、爱好、习惯、家庭结构、消费偏好等数据，利用实时采集的数据进行客户细分，完成产品和服务策略的实时推荐。

潜在客户挖掘及流失用户预测通过实时数据平台整合客户线上和线下相关行为，对潜在客户进行实时分类，细化销售重点，综合筛选出影响客户退保或续期的关键因素，对客户的退保概率或续期概率进行估计，找出高风险流失客户，实时预警干预，提高保单续保率。

客户关联销售也离不开大数据的支持，这里以淘宝运费退货险为例进行说明。据统计，淘宝用户运费险索赔率在50%以上。这项产品给保险公司带来的利润只有5%左右，但保险公司很愿意提供此项保险，因为运费险包含个人基本信息、手机号、银行账户信息等。保险公司掌握这些信息之外，还能够掌握客户购买的产品信息，从而实现精准推送。

客户精准营销是通过实时数据平台收集互联网用户的相关数据，如地域分布等属性数据、搜索关键词等即时数据、购物行为和浏览行为等数据，以及兴趣爱好、人脉关系等社交数据，在广告推送中实现地域定向、需求定向、偏好定向、关系定向等方式，实现精准营销，如图7-6所示。

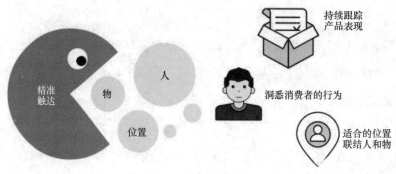

图7-6　客户精准营销

（2）欺诈行为分析

医疗保险实时数据平台通过数据追溯，找出影响保险欺诈最为显著的因素，以及这些因素的取值区间，建立起预测模型，并通过自动化分析功能快速将理赔案件依照滥用欺诈可能性进行分类处理。

车险欺诈分析是通过此前建立的预测模型，将理赔申请分级处理，从而高效解决车险欺诈问题，以及车险理赔申请欺诈侦测、业务员与修车厂勾结欺诈侦测等。

（3）精细化运营

精细化运营主要包括以下几个方面。

产品优化：通过对自有数据和客户社交网络数据的分析来解决保险公司现有的风险控制问题，获得更准确、更高利润率的保单模型，为客户制定个性化保单和解决方案。

运营分析：基于对企业内外部运营、管理和交互数据的分析来实现全方位统计、预测企业经营和管理绩效，同时基于保险保单和客户交互数据进行建模来快速分析和预测市场风险、操作风险等。

习 题

7-1 简述智能物流的概念、智能物流的作用。

7-2 简述智能物流的典型应用。

7-3 列举大数据在金融细分领域的典型应用。

7-4 简述大数据在银行领域的典型应用。

项目八　大数据赋能未来社会

　　随着信息技术的快速发展，数据正在以指数级速度增长。这些数据蕴含着宝贵的信息和价值，而大数据应用正是通过对数据高效的分析和挖掘，将这些数据转化为智慧和力量，推动社会各个领域的创新和进步。

　　本章主要内容如下。

　　（1）大数据在生物医学领域的应用。

　　（2）大数据在城市管理中的应用。

导读案例

案例8　基于大数据的综合健康服务平台

　　要点：医疗健康大数据是一座蕴含巨大价值的"数据金矿"。国家正在以大数据技术为依托，建设"以人为中心"、线上与线下相结合的综合健康服务生态系统。

　　近年来，随着信息技术的飞速发展和大众医疗健康意识的提升，基于大数据的综合健康服务平台应运而生。这一平台源于医疗健康领域数据的快速增长和多样化，其中包括个人健康数据、医疗机构数据、医疗影像数据等。这些数据的积累为个性化健康管理和精准医疗提供了丰富的信息基础。

　　同时，人们对健康管理的需求也日益增长，希望能够通过科技手段更好地了解自身健康状况、获得个性化的健康建议和医疗服务。传统的医疗模式已经难以满足人们多样化、个性化的健康需求，因此基于大数据的综合健康服务平台的出现填补了这一需求与供给之间的差距。目前，随着医疗信息化的深入，医疗健康大数据不断累积，成为一座蕴含巨大价值的"数据金矿"。

　　下面以图8-1所示的"东华原健康大数据服务平台"为例，对综合健康服务平台的功能与关键技术进行分析。

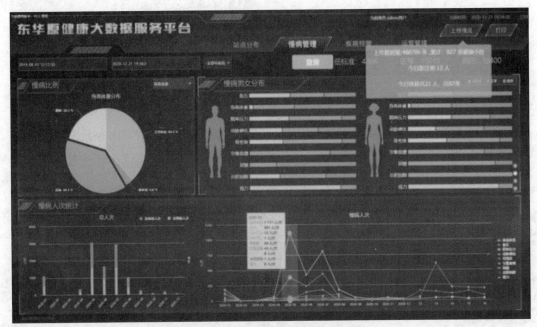

图 8-1　东华原健康大数据服务平台

（1）平台概述

综合健康服务平台将健康管理服务、医疗咨询服务与移动健康服务融合，旨在打造一个"以人为中心"的、线上与线下相结合的综合健康服务生态系统。平台以健康评估与个性化诊疗技术为核心，以大数据技术为依托，综合应用健康服务平台数据标准化、医疗健康数据集成、健康评估、个人隐私安全、信息安全、数据标准等技术，提供健康档案建档、健康教育、风险筛查、健康计划、健康跟踪、医疗协同等服务功能。

（2）平台关键技术

基于大数据的综合健康服务平台通常包含以下几个关键技术：医疗健康大数据集成、存储和处理技术；基于大数据的健康评估技术；基于大数据的个性化诊疗技术。

综合健康服务平台数据来源广泛，包括医院、独立体检机构、社区卫生服务机构、区域医疗信息平台、第三方检测机构、医保和社保、个人用户、网络等。平台数据内容多样，包括病史、体检、理化检查、居民基本健康档案、各类个人信息和网页等，涉及结构化数据、半结构化和非结构化数据。平台数据量巨大。

健康评估是健康管理的核心技术。基于大数据的健康评估技术，以现代健康理念、新医学模式和中医"治未病"为指导，通过综合健康服务平台的"全样本"医疗健康大数据分析，综合考虑人的生理、心理、社会、行为方式、生活习惯等各方面指标，建立适合不同人群的健康状态评估模型和健康风险评估模型，对个体或群体整体健康状况、影响健康的危险因素、疾病风险进行全面检测、评估和有效干预。已有的诊疗手段很大程度上来自医学专家知识，具有非实时性、一般性和普遍性的特点。一方面，广大用户缺乏医学领域的相关知识，无法有效地通过健康服务平台搜索自己需要的健康信息，也无法辨别其准确性和对自身的价值。另一方面，广大医务工作者缺乏数据支撑和知识参考，无法针对用户设计个性化的诊疗和干预方案。综合健康服务平台的医疗健康大数据和大数据技术，为建立"以人为中心"的新诊疗模式提供了全面有效和准确客观的新手段。

基于大数据的个性化诊疗技术，依托大数据平台，充分利用医学专家经验知识、健康教育信息和健康管理技术，在健康评估技术的基础上，为用户提供更加个性化和精细化的医疗咨询服务，为医务工作者提供个性化的处方定制功能。

8.1 大数据在生物医学领域的应用

大数据在生物医学领域得到了广泛的应用。在流行病预测方面，大数据彻底颠覆了传统的流行疾病预测方式，使人类在公共卫生管理领域迈上了一个全新的台阶。在智慧医疗方面，通过打造健康档案区域医疗信息平台，利用先进的物联网技术和大数据技术，可以实现患者、医护人员、医疗服务提供商、保险公司等之间无缝、协同、智能的互联，让患者体验一站式的医疗、护理和保险服务。在生物信息学方面，大数据让人们可以利用先进的数据科学知识，更加深入地了解生物的生命过程、作物表型、疾病致病基因等。

8.1.1 流行病预测

疾病是人类社会面临的威胁之一，而流行病学是研究疾病传播和流行规律的一门学科。疾病的预测和控制是流行病学研究的重要目标。下面将探讨人类疾病的流行病学研究与预测的方法和技术，以及它们在公共卫生领域的应用。

随着医学研究的深入，人们对疾病的认识越来越深刻，但同时也面临着疾病的多样化和复杂性的挑战，有时单一的数据和方法很难获得准确的预测结果。大数据分析技术可以综合运用多种数据分析方法，从而实现更加精准的疾病预测。

今天，以搜索数据和地理位置信息数据为基础，分析不同时空尺度人口流动性、移动模式和参数，进一步结合病原学、人口统计学、地理、气象和人群移动迁徙、地域等因素和信息，建立流行病时空传播模型，确定流感等流行病在各流行区域间传播的时空路线和规律，得到更加准确的态势评估、预测。大数据时代广为流传的一个经典案例是Google 预测流感趋势。Google 开发了一个可以预测流感趋势的工具，它采用大数据分析技术，利用网民在谷歌搜索引擎输入的搜索关键词来判断全美地区的流感情况。Google 把 5000 万条美国人频繁检索的词条和美国疾病控制与预防中心（简称美国疾控中心）在 2003 年至 2008 年季节性流感传播时期的数据进行了比较，并构建数学模型实现流感预测。2009 年，Google 首次发布了冬季流行感冒预测结果，该结果与官方数据的相关性高达 97%。此后，Google 多次把测试结果与美国疾控中心的报告做比对，发现二者的结论存在很大的相关性。从图 8-2 中可以看出，两条曲线高度吻合，证实了谷歌流感趋势预测结果的正确性和有效性。

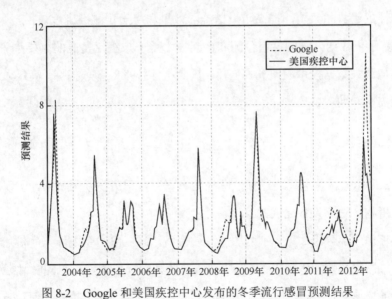

图 8-2 Google 和美国疾控中心发布的冬季流行感冒预测结果

其实，Google 流感趋势预测的背后机理并不难。对于普通民众而言，感冒发烧是日常生活中经常碰到的事情，有时候不闻不问，靠人类自身的免疫系统就可以痊愈；有时候简单服用一些感冒药或采用相关疗法也可以快速痊愈。相比之下，很少有人会首先选择去医院就医，因为医院不仅预约周期长，而且费用高。在网络发达的今天，遇到感冒发烧这种小病，人们先想到的是求助于网络，希望在网络中迅速搜索到感冒的相关病症、治疗感冒的疗法或药物、就诊医院等信息，以及一些有助于治疗、预防感冒的生活行为习惯。作为占据市场主导地位的搜索引擎服务商，Google 自然可以收集到大量网民关于感冒的相关搜索信息，通过分析某一地区在特定时期对感冒症状的搜索大数据，就可以得到关于感冒的传播动态和未来 7 天流行趋势的预测结果。

虽然美国疾控中心也会不定期发布流感趋势报告，但是，很显然，Google 的流感趋势报告更加及时、迅速。美国疾控中心发布的流感趋势报告是根据下级各医疗机构上报的患者数据进行分析得到的，存在一定的时间滞后性。而 Google 是在第一时间收集网上关于感冒的相关搜索信息后进行分析得到相关结果。另外，美国疾控中心获得的患者样本数也明显少于 Google 获得的样本数，因为在所有感冒患者中，只有一部分患者才会去医院就医，进入官方的监控范围。

可以预见，基于大数据分析的疾病预测和诊断，将会成为新时代医疗领域的重要技术和趋势。在实践中，随着大数据采集和处理技术的不断完善和发展，人们将能够更准确地把握疾病传播的趋势和风险，提高防疫措施的效果和疾病预测准确度。

总之，基于大数据分析的疾病预测和诊断技术是未来医疗发展的重要趋势之一。实践中应该继续加强大数据技术的研究和应用，提高医疗技术的各项指标，满足人民群众日益增长的健康需求和期望。

8.1.2　智慧医疗

如图 8-3 所示，智慧医疗通过打造医疗信息平台，利用物联网技术，实现患者与医务人员、医疗机构、医疗设备之间的互动。

智慧医疗由三部分组成，分别为智慧医院系统、区域卫生系统和家庭健康系统。医务人员通过无线网络，使用手持 PDA[1] 便捷地联通各种诊疗仪器，可以随时掌握每个病人的病案信息和最新诊疗报告，随时随地地快速制定诊疗方案。在医院的任何地方，医务人员都可以登录距自己最近的系统查询医学影像资料和医嘱。患者的转诊信息和病历可以在任意一家医院通过医疗联网方式进行调阅。

---

[1] PDA，Personal Digital Assistant，个人数字助理。

图 8-3 智慧医疗全景示意

随着医疗信息化的快速发展，智慧医疗逐步走入人们的生活。2018 年 8 月 10 日，黑龙江省孙吴县智慧医疗惠民项目正式启动。该项目建设 1 个县医院远程会诊中心、12 个乡镇远程分会诊点和 94 个村分诊点，并与全国 30 多家三甲医院建立远程会诊关系，惠及全县 10 万多名群众。2021 年年初，中国邮政储蓄银行黔东南州分行与时俱进、开拓创新，与丹寨县人民医院携手启动建设"智慧医疗"项目。该项目通过打造"金融+智慧医疗"服务模式，可实现自助签约、自助建档、自助挂号、自助办理入院、自助交住院预交金、住院日清单凭证查询和打印等智能化功能，使金融科技与医院的医疗场景跨界融合，助推医疗改革。在上海，以复旦大学附属华山医院为中心，由上海电信 5G 赋能，协同构建 5G 医疗示范网，以神经外科疾病的治疗为导向，面向神经外科疾病建立 AR 可视化手术导航平台。2022 年 8 月 10 日，5G 架构下超便携混合现实颅脑手术导航系统建设入选"2022年 5G 十大应用案例"。该项目在 5G+远程治疗领域提供了良好的借鉴，培育可复制、可推广的 5G 智慧医疗健康新业态。

高效、高质量和可负担的智慧医疗不但可以有效提高医疗质量，还可以有效阻止医疗费用的攀升。如图 8-4 和图 8-5 所示，智慧医疗使从业医生能够通过医疗综合信息平台搜索、分析和引用大量科学证据来支持他们的诊断，同时还可以使医生、医疗研究人员、药物供应商、保险公司等整个医疗生态圈的每一个群体受益。在不同的医疗机构之间，建起医疗信息整合平台，将医院之间的业务流程进行整合，那么医疗信息和资源可以共享和交换，跨医疗机构也可以进行在线预约和双向转诊，这使得"小病在社区，大病进医院，康复回社区"的居民就诊就医模式成为现实，从而大幅提升了医疗资源的合理化分配，真正做到以病人为中心。

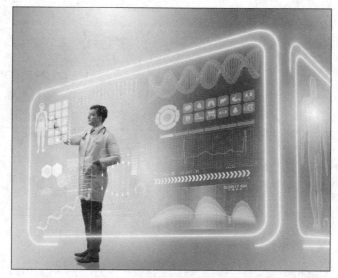

图 8-4　医疗综合信息平台示意

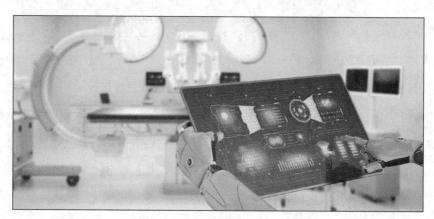

图 8-5　医疗综合诊断设备示意

8.1.3　医疗信息数字化

　　数字医疗指利用信息技术和数字化工具来提供医疗服务，其中包括远程医疗、电子病历、智能医疗设备、医疗数据分析等。随着信息技术的发展和医疗需求的不断增长，数字医疗已经成为医疗行业数字化转型的必然趋势。

　　医疗服务信息化是国际发展趋势。随着信息技术的快速发展，国内越来越多的医院正加速实施基于信息化平台、医院信息系统的整体建设，以提高医院的服务水平与核心竞争力。信息化不仅提高了医生的工作效率，使医生有更多的时间为患者服务，还提高了患者对医生的满意度和信任度，更重要的是无形之中树立起了医院的科技形象。医疗业务应用与基础网络平台的逐步融合正成为国内医院，尤其是大/中型医院信息化发展的新方向。

（1）数字医疗可以提高医疗质量和效率

数字医疗通过互联网和移动通信技术，打破了时间和空间的限制，使患者可以更便捷地获取医疗服务，提高了医疗效率。同时，数字化工具可以准确记录患者的病历和医疗数据，在医学诊断和治疗过程中提供更加科学、准确的参考依据，从而提高医疗质量。

（2）数字医疗可以优化医疗资源配置

数字医疗可以将医疗服务从传统的医院向社区、家庭等更广泛的范围延伸，减少医院就诊压力，优化医疗资源配置。通过智能医疗设备和远程医疗工具，医生可以实时获取患者的健康状态，及时采取措施，为患者提供个性化的医疗服务。

（3）数字医疗可以实现精准医疗

数字医疗可以采集大量的医疗数据，并结合人工智能和大数据分析技术，对疾病进行更加准确的分类和诊断，从而实现个性化的治疗方案和精准医疗。例如，利用病人的基因组信息和临床资料，在不同的治疗方案中进行比较，选择最适合病人的治疗方式。

数字医疗的发展面临着一系列的挑战和难题。首先，数字医疗需要解决医疗数据安全与隐私保护问题，保证患者的个人信息不被泄露。其次，数字化工具需要满足医学专业标准，确保其准确性和可靠性。最后，与传统医疗相比，数字医疗需要更多的投入和支持，包括技术、人力、资金等资源。

数字医疗是医疗行业数字化转型的必然趋势，具有重要的社会和经济意义。数字医疗不仅可以提高医疗质量和效率，优化医疗资源配置，还能够实现精准医疗。未来，数字医疗将成为医疗行业重要的发展方向和优先领域，需要各方共同努力促进数字医疗的健康发展。

8.1.4　生物信息学

生物信息学是研究生物信息的采集、处理、存储、传播、分析和解释等方面的学科，也是随着生命科学和计算机科学的迅猛发展、生命科学和计算机科学相结合形成的一门新学科，它通过综合利用生物学、计算机科学和信息技术，揭示大量且复杂的生物数据所蕴含的生物学奥秘。

生物医学工程是 21 世纪非常值得关注的交叉学科之一，它将生命科学、医学与工程技术融为一体，致力于研发先进的医疗技术与产品。近年来，人工智能的广泛应用推动生物医学工程步入智能时代，开启了该领域发展的新篇章。例如，麻省理工学院（MIT）的研究人员开发了 BioAutoMATED，这是一种用于生物学研究的自动化机器学习系统。一方面，BioAutoMATED 可以为给定的数据集选择和构建适当的模型，完成繁重的数据预处理任务，将长达数月的耗时减少到几个小时。另一方面，BioAutoMATED 能够帮助确定训练所选模型需要的数据量。此外，该系统可以探索适合更小、更稀疏的生物数据集和更复杂的神经网络的模型，这特别适合拥有新数据的研究小组，因为这些新数据有时候不能使用简单的机器学习方法进行分析。BioAutoMATED 使研究人员能够快速、有效地分析复杂的生物数据，从而加快生物领域科学发现的步伐，并可能带来新的治疗方法。

在医学影像诊断方面，人工智能的算法可以检测 CT、磁共振成像等影像中的病变部位，辅助医生提高诊断的准确性与效率。算法还可以通过大数据中的病例学习，实现某些疾病的自动检测与诊断，这为实现影像设备的全面智能化与远程医疗奠定了基础。

在医疗机器人与微创手术领域，人工智能使手术机器人变得"更聪明"，具备自主导航与智能感知的能力。手术机器人可以根据病人的解剖特征自动制订精细的手术计划，操作也更加灵敏精确，这使机器人手术的适应范围不断扩大。图 8-6 展示了人工智能微创手术。

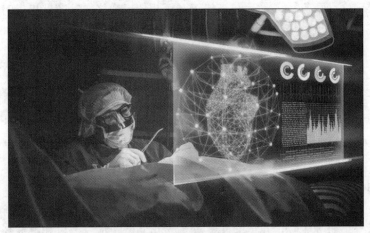

图 8-6　人工智能微创手术示意

在生物传感与监测技术方面，集成人工智能的生物传感器可以实时监测生命体征，并具备异常值检测功能，这为慢性病远程监护带来翻天覆地的变化。通过实时数据采集与分析，人工智能可以个性化地调整治疗计划，实现精准医疗。图 8-7 展示了医疗大数据数字化监测。

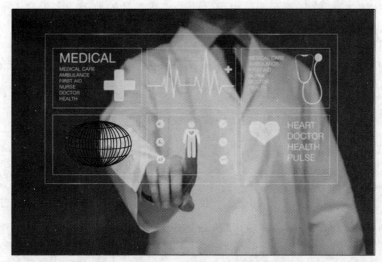

图 8-7　医疗大数据数字化监测示意

可以预见，人工智能与生物医学工程的深度融合将创造出一个个"医疗奇迹"。超级计算机与大数据技术将助力生物医学工程实现从实验室到临床的飞跃，人工智能将提高医疗产品与技术的智能化程度，实现人与机器的深度协同，从而让每个人都能获得高质量的医疗保障。

生物医学工程领域的人工智能发展呈现出自动化、个性化与智能化三大特征，这预示着医学模式的变革。人工智能将成为提高医疗质量的重要工具。在人工智能的助力下，生物医学工程必将创造一个更加健康与幸福的未来。

8.2　大数据在城市管理中的应用

大数据在城市管理中发挥着日益重要的作用，主要体现在智能交通、环保监测、城市规划和安防等领域。

8.2.1　智能交通

随着我国全面进入汽车社会，交通拥堵已经成为亟待解决的城市管理难题。许多城市纷纷将目光转向智能交通，期望通过实时获得关于道路和车辆的各种信息，分析道路交通状况，发布交通诱导信息，优化交通流量，提高道路通行能力，缓解交通拥堵压力。有数据显示，发达国家的智能交通管理技术可以帮助交通工具的使用效率提升 50% 以上，交通事故死亡人数减少 30% 以上。

智能交通将先进的信息技术、数据通信传输技术、电子传感技术、控制技术、计算机技术等有效集成并运用于整个地面交通管理，同时可以利用城市实时交通信息、社交网络和天气数据来优化最新的交通情况。智能交通融合了物联网、大数据和云计算技术，其整体框架主要包括基础设施层、平台层和应用层。基础设施层主要包括摄像头、感应线圈、射频信号接收器、交通信号灯、诱导板等，负责实时采集关于道路和车辆的各种信息，并显示交通诱导信息。平台层负责将来自基础设施层的信息进行存储、处理和分析，支撑上层应用，包括网络中心、信号接入和控制中心、数据存储和处理中心、设备运维管理中心、应用支撑中心、查询和服务联动中心。应用层主要包括卡口查控、电警审核、路况发布、诱导系统、信号控制、指挥调度、辅助决策等应用系统。

图 8-8 展示了腾讯智慧交通系统。

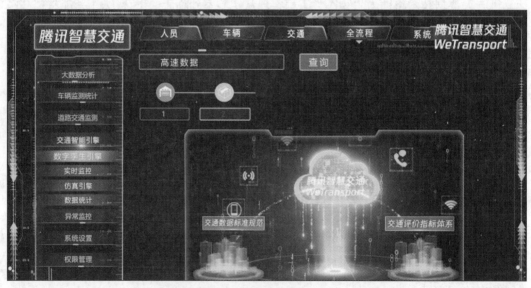

图 8-8　腾讯智慧交通系统

遍布城市各个角落的智能交通基础设施（如摄像头、感应线圈、射频信号接收器）每时每刻都在生成大量感知数据，这些数据构成了智能交通大数据。利用事先构建的模型对交通大数据进行实时分析和计算，就可以实现交通实时监测（如图 8-9 所示）、交通智能诱导、公共车辆管理、旅行信息服务、车辆辅助控制等各种应用。以公共车辆管理为例，包括北京、上海、广州、深圳、厦门等在内的大城市已经建立了公共车辆管理系统，道路上正在行驶的所有公交车和出租车都被纳入实时监控，通过车辆上安装的导航定位设备，管理中心可以实时获得各车辆的当前位置信息，并根据实时道路情况计算得到车辆调度计划，发布车辆调度信息，指导车辆控制到达和发车时间，实现运力的合理分配，提高运输效率。作为乘客，只要在智能手机上安装"掌上公交"等软件，就可以随时随地查询各条公交线路和公交车当前位置，合理安排出行。例如，乘客如果赶时间却发现要坐的公交车还需要很长时间才能到达，那么可以选择出租车。此外，城市的公交车站还专门设置了电子公交站牌，可以实时显示经过本站的各路公交车的当前到达位置，这大大方便了公交出行的群众，尤其是很多不会使用智能手机的老年人。

图 8-9　交通实时监测

8.2.2　环保检测

（1）森林监视

森林是地球的"绿肺"，可以调节气候、净化空气、防止风沙、减轻洪灾、涵养水源和保持水土。但是，在全球范围内，每年都有大面积森林遭受自然或人为因素的破坏。例如，森林火灾就是森林最危险的敌人，也是林业最可怕的灾害，它会给森林带来灾害性甚至毁灭性的后果。同时，人为的乱砍滥伐也导致了部分地区森林资源快速减少。这些都给生态环境造成了严重的威胁。

为了有效保护人类赖以生存的宝贵森林资源，各个国家和地区建立了森林监视体系，如地面巡护、瞭望台监测、航空巡护、视频监控、卫星遥感等。随着数据科学的不断发展，近年来，人们开始把大数据技术应用于森林监视，Google森林监视系统就是一项具有代表性的研究成果。Google森林监视系统采用Google搜索引擎提供时间分辨率，采用美国国家航空航天局和美国地质勘探局的地球资源卫星提供空间分辨率。系统利用卫星的可见光和红外数据画出某个地点的森林卫星图像。在卫星图像中，每个像素包含了颜色和红外信号特征等信息。如果某个区域的森林被破坏，该区域对应的卫星图像像素信息就会发生变化，因此，通过跟踪监测森林卫星图像上像素信息的变化，就可以有效地监测森林变化情况。当大片森林被砍伐破坏时，系统会自动发出警报。图8-10展示了环保检测视频监控摄像头。

图8-10　环保检测视频监控摄像头

（2）环境保护

大数据技术已经广泛应用于污染监测领域。借助大数据技术，人们通过部署的传感器（如图 8-11 所示）采集各项环境质量指标数据，并将数据整合到数据中心进行分析，把分析结果用于指导下一步环境治理方案的制订，以有效提升环境整治的效果。把大数据技术应用于环境保护具有明显的优势：一方面，可以实现 7×24 小时的连续环境监测；另一方面，借助大数据可视化技术，可以立体化呈现环境数据分析结果，对真实的环境进行虚拟，辅助人类制定相关环保决策。

图 8-11　环境保护检测传感器

在一些城市，大数据也被应用到汽车尾气污染治理中。汽车尾气已经成为城市空气重要污染源之一。为了有效防治机动车尾气污染，我国各级地方政府十分重视对汽车尾气污染数据的收集和分析，为有效控制污染提供数据支撑。

8.2.3　城市规划

大数据正深刻改变着城市规划的方式。对于城市规划研究者而言，规划工作高度依赖测绘数据、统计资料和各种行业数据。目前，城市规划研究者可以通过多种渠道获得这些基础性数据，用于开展各种规划研究。随着我国政府信息公开化进程的加快，各种政府层面的数据开始逐步对公众开放。与此同时，国内外一些数据开放组织或行动也都在致力于数据开放和共享工作，如开放知识基金会、开放获取行动、共享知识行动、开放街道地图行动等。此外，数据堂等数据共享商业平台的诞生，也大大促进了数据提供者和数据消费者之间的数据交换。

城市规划研究者利用开放的政府数据、行业数据、社交网络数据、地理数据、车辆轨迹数据等开展了各种层面的规划研究。利用地理数据可以研究全国城市扩张模拟、城市建成区识别、地块边界与开发类型和强度重建模型、城市间交通网络分析与模拟模型、城镇格局时空演化分析模型，以及全国各城市人口数据合成和居民生活质量评价、空气污染暴露评价、主要城市都市区范围划定和城市群发育评价等。利用公交卡数据可以开展城市居民通勤分析、职住分析、行为分析、重大事件影响分析、规划项目实施评估分析等。利用手机通话数据可以研究城市联系、居民属性、活动关系及其对城市交通的影响。利用社交网络数据可以研究城市功能分区、城市网络活动与等级、城市社会网络体系等。利用出租车定位数据可以开展城市交通研究。利用搜房网的住房销售和出租数据，同时结合居民住房地理位置和周边设施条件数据可以评价一个城区的住房分布和质量情况，从而有利于城市规划设计者有针对性地优化城市的居住空间布局。

例如，学者们利用大数据开展城市规划的各种研究工作：利用新浪微博网站数据，选取微博用户的好友关系及其地理空间数据，构建了代表城市间的网络社区好友关系矩阵，并以此为基础分析我国城市网络体系；利用百度搜索引擎中城市之间搜索信息量的实时数据，通过关注度来研究城市间的联系或等级关系；利用大众点评网餐饮点评数据来评价某市城区餐饮业空间发展质量；通过集成在学生手机上的定位软件，跟踪并分析一周内学生对校园内各种设备和空间的利用情况，提出校园空间优化布局方案。

8.2.4 安防领域

近年来，随着网络技术在安防领域的普及、高清摄像头在安防领域应用的不断增多和项目建设规模的不断扩大，安防领域积累了海量的视频监控数据，并且每天都在以惊人的速度生成大量新的数据。例如，我国的很多城市在开展平安城市建设，遍布于城市各个角落的摄像头 7×24 小时不间断地采集各个位置的数据。所采集的数据量之大，超乎想象。

除了视频监控数据，安防领域还包含大量其他类型的数据，例如结构化、半结构化和非结构化数据。结构化数据包括报警记录、系统日志记录、运维数据记录、摘要分析结构化描述记录，以及各种相关的信息数据，如人口信息、地理数据信息、车驾管信息等。半结构化数据包括人脸建模数据、指纹记录等。非结构化数据主要指视频录像和图片记录，如监控视频录像、报警录像、摘要录像、车辆卡口图片、人脸抓拍图片、报警抓拍图片等。

所有数据一起构成了安防大数据的基础。

之前这些数据的价值并没有被充分挖掘出来，跨部门、跨领域、跨区域的联网共享较少，检索视频数据仍然以人工手段为主。这种方式不但效率低，而且效果并不理想。基于大数据的安防要实现的目标是通过跨区域、跨领域安防系统联网，实现数据共享、信息公开，以及智能化的信息分析、预测和报警。以视频监控分析为例，大数据技术可以支持在海量视频数据中实现视频图像统一转码、摘要处理、视频剪辑、视频特征提取、图像清晰化处理、视频图像模糊查询、快速检索、精准定位等功能，同时深入挖掘海量视频监控数据背后的有价值信息，快速反馈信息，以辅助决策判断，从而让安保人员从繁重的肉眼视频回溯工作中解脱出来，不需要投入大量精力从大量视频中低效查看相关事件线索。这在很大程度上提高了视频分析效率，缩短了视频分析时间。

讨论 大数据在学生所学专业领域的应用

随着大数据向各个行业渗透，大数据将会无处不在地为人类服务。大数据宛如一座神奇的钻石矿，其价值潜力无穷。它与其他物质产品不同，并不会随着使用而有所消耗，而是取之不尽，用之不竭。大数据技术与各类前沿技术（如云计算、物联网、人工智能等）的融合，使得行业新应用层出不穷，不胜枚举。

请结合你所学的专业，分析大数据在这一专业领域新的发展方向和应用场景，并提供行业新应用场景的解决思路和方案。

习 题

8-1 大数据在生物医学领域有哪些应用？

8-2 简述数字医疗的概念以及数字医疗的优势。

8-3 大数据在城市管理中有哪些应用？

8-4 智能交通有哪些优势，以及需要哪些大数据技术支持？

·实践篇·

项目九 采集和存储大数据

随着信息时代的发展，大数据已成为驱动企业决策、科研探索和社会发展的重要资源。大数据的价值在于从海量、多样、高维的数据中提取有用的信息和知识，因此，大数据的采集、预处理与存储是实现有效大数据分析的基础环节。它们需要科学合理的策略和技术来保证数据的质量、可用性和安全性。随着技术的不断发展，大数据的价值将会不断被挖掘和应用于各个领域，为社会进步和创新带来更多机遇。

本章主要内容如下。

（1）大数据的采集与预处理，其中包括大数据的来源和结构、数据采集的方法、数据预处理。

（2）大数据的存储与管理，其中包括数据存储的概念、分布式文件系统。

导读案例

案例 9 淘宝"双 11"大数据的产生和处理——淘宝 IT 系统技术架构简述

要点：海量数据的处理是大数据时代绕不过的话题，海量数据处理平台技术应时代需求而生。对电商而言，海量数据处理平台更是至关重要。

淘宝"双 11"这天需要处理千亿级规模的交易额，这对 IT 系统提出了巨大的挑战。能够从容应对这种挑战的 IT 系统离不开弹性混合云架构、异地多活与容灾架构、实时业务审计平台等的支持。

（1）弹性混合云架构

每年淘宝的"双 11"、新春红包等活动都会产生极大的交易量。阿里巴巴公司解决这个问题的方法是：活动前，在云计算平台快速申请资源，构建新的单元，部署应用和数据库，将流量和数据"弹出"到新的单元，快速提升系统容量；活动结束后，再将流量和数据"弹回"，释放云计算平台上的资源。这种方式可以大大降低资源的采购和运行成本。

（2）异地多活与容灾架构

这种架构基于单元化架构，每个单元是一个全功能系统，负责一定比例的数据和用户访问。单元之间相互备份，确保每个单元在同城和异地都有可在故障期间进行接管的单元，如图 9-1 所示。

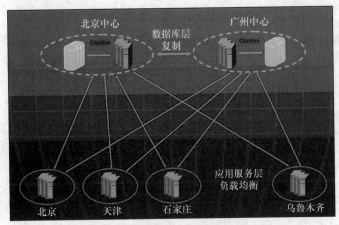

图 9-1　异地多活与容灾架构

（3）实时业务审计平台

实时业务审计平台是一个用于实时检测线上系统产生的数据是否正确的系统，其日常报警处理流程如图 9-2 所示。假设用户刚刚在淘宝"双 11"活动下了一单，付款后如果网络突然出现闪断，这会导致他"已付款"状态的数据并没有传输过来。如果是以往，有可能呈现给买家的就是"交易失败"的状态。但现在，实时业务审计平台能在这个问题被消费者发现之前，就开始报警，并且转交技术人员处理，让用户感受不到出现过"交易失败"。

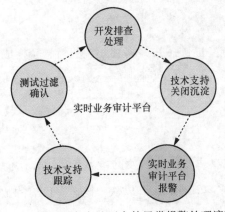

图 9-2　实时业务审计平台的日常报警处理流程

9.1 大数据的采集与预处理

9.1.1 大数据的来源

（1）商业数据

商业数据指与企业经营和业务相关的数据。在当今数字化时代，商业数据的采集和分析对企业的决策制订和业务发展至关重要。商业数据的采集涉及多个方面，包括销售数据、市场数据、客户数据、财务数据等。

商业数据的采集和分析对企业的发展和竞争至关重要。通过采集和分析商业数据，企业可以获得市场洞察、客户洞察和业务洞察，为决策制定提供依据，推动业务创新和增长。

（2）互联网数据

数字化浪潮席卷全球，互联网数据成为大数据产业的重要组成部分。互联网数据的采集和分析对组织来说至关重要，组织可以从中获取有价值的信息和洞察，用于业务决策和制定发展战略。

互联网数据具有多样化的特点，主要包括网络爬虫数据、传感器数据、日志文件数据和企业业务系统数据。

① 网络爬虫数据

网络爬虫是一种程序或软件工具，用于在互联网上自动抓取网页数据。通过定义入口页面和递归地抓取其他页面的链接，网络爬虫可以从互联网上采集大量的结构化和非结构化数据。爬虫可以根据需求抽取数据并以统一的格式进行存储，如文本、图片、音频、视频等。

② 传感器数据

传感器是一种检测装置，能够感知并将感知到的信息转换成电信号或其他形式的信息进行输出。在日常生活中，许多设备和应用包含传感器，如温度传感器、位置传感器等。这些传感器采集的数据可以用于分析和洞察，如环境监测、用户行为分析等。

③ 日志文件数据

许多企业的业务系统每天都会产生大量的日志文件，记录系统的操作活动和用户行为。通过对这些日志信息进行采集和分析，可以从中挖掘有价值的数据，用于业务决策和系统性能评估。

④ 企业业务系统数据

许多企业使用数据库存储其业务系统数据。这些数据包含了企业的各个方面，如销售数据、客户数据、供应链数据等。

互联网数据来源的多样性使得组织可以从不同的角度分析和利用数据。网络爬虫数据、传感器数据、日志文件数据和企业业务系统数据的采集，为企业决策提供了有力的支持，促进了业务的创新和发展。

（3）物联网数据

随着大数据、物联网、人工智能等技术的迅猛发展，物联网数据成为数字化时代的重要资源。物联网数据源的广泛应用，对各行各业的创新和发展具有重要意义。

物联网指通过互联网将各种物理设备连接起来，实现设备之间的信息交流和数据传输。物联网数据指通过物联网连接的各种设备和传感器所采集的数据。物联网数据的特点是具有实时性、规模性和多样性。物联网设备和传感器可以采集大量的实时数据，这些数据包括温度、湿度、压力、位置等各种环境和物体属性。图 9-3 所示为实时物联网数据采集的平台界面。物联网数据的规模非常庞大，数据源每时每刻都在产生数据。物联网数据的应用涵盖了多个领域，这些领域都在不同程度上受益于物联网技术的发展。有关物联网数据的主要应用领域，参见云计算相关内容。

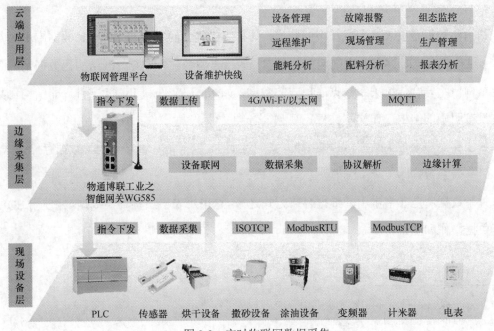

图 9-3　实时物联网数据采集

9.1.2　大数据的结构

在处理大数据时，数据的结构起着重要的作用。数据结构指数据的组织方式和关系，决定了数据的存储、检索和分析方式。

传统的数据结构主要基于关系数据库的表格结构，适用于结构化数据的存储和处理。然而，随着大数据的兴起，非结构化和半结构化数据日益增长，传统的数据结构显得力不从心。针对大数据的结构问题，人们提出了新的解决方案。

大数据是指规模庞大、复杂多变、难以传统方式处理的数据集合。它由许多不同类型的数据组成，例如结构化数据、半结构化数据、准结构化数据和非结构化数据，如图 9-4 所示。

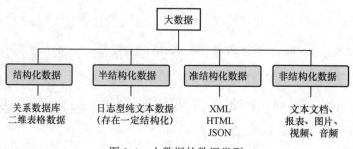

图 9-4　大数据的数据类型

结构化数据是以表格形式呈现的数据，具有明确定义的字段和关系，如数据库中的数据。半结构化数据是存在一定结构化的数据，如日志型纯文本数据。准结构化数据是具有一定结构但不符合传统关系数据库模式的数据，如 XML[1]文件和 JSON[2]文件。非结构化数据则没有明确的结构，如文本文件、视频、音频文件。

为了存储和处理大数据，各种存储方式应运而生。以下是几种常见的大数据存储方式。

（1）关系数据库

关系数据库是非常常用的数据存储方式之一。它采用表格结构存储数据，并使用 SQL[3]进行数据操作和检索。

---

[1]　XML，Extensible Markup Language，可扩展标记语言。

[2]　JSON，JavaScript Object Notation，JS 对象简谱。

[3]　SQL，Structure Query Language，结构查询语言。

（2）NoSQL 数据库

NoSQL 数据库是一类非关系数据库，适用于存储和处理大规模非结构化数据，具有高度可扩展性和灵活性，能够处理大规模的数据并支持分布式计算。

（3）数据湖

数据湖（Data Lake）是一种存储大数据的技术架构，如图 9-5 所示。它允许以原始形式存储不同类型和格式的数据，包括结构化、半结构化、准结构化、非结构化等数据。

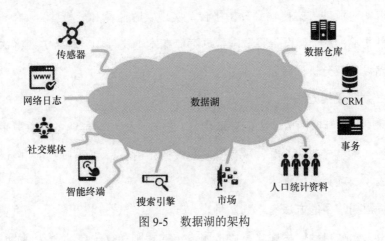

图 9-5 数据湖的架构

（4）分布式文件系统

分布式文件系统是一种将数据分布在多个计算节点上的文件系统。它具有高度可扩展性和容错性，能够存储和处理大规模数据集。常见的分布式文件系统包括 Hadoop 的 HDFS和 Google 的 GFS。

（5）内存数据库

内存数据库将数据存储在内存中，具有更好的读/写性能和更低的时延。内存数据库适用于需要实时处理和分析大规模数据的场景，如实时推荐系统和广告投放系统。

9.1.3 数据采集的方法

（1）系统日志采集方法

随着互联网和信息技术的发展，企业和组织面临着大量的系统日志数据，日志数据包含了宝贵的信息和洞察。为了有效利用系统日志数据，必须采集和管理这些数据，以下是几种常用的系统日志采集方法。

日志服务器集中采集：在网络环境中，人们可以通过配置集中的日志服务器来采集和存储系统日志。各个系统和设备可以将日志发送到日志服务器，实现集中管理和分析。

代理程序采集：若系统或设备无法直接发送日志到集中的日志服务器，此时可以使用安装在系统设备上的代理程序来采集系统日志，并将其发送给日志服务器。

实时流式采集：通过在系统和设备上安装代理程序或使用专用的日志采集工具，可以将日志数据以实时流的方式传输到分析平台，实现实时监测和分析。

日志文件传输：系统和设备将日志数据存储在本地文件中，然后定期将这些文件传输给集中的存储设备或分析平台。

（2）网页数据采集方法

在数字化时代，互联网成了人们获取信息、进行交流和开展业务的重要平台。而网页作为互联网的基本单元，包含着大量有价值的数据和信息。为了获取并利用这些数据，网页数据采集成了一项关键的技术。

获取网页数据常用的方法有下列 2 种。

网络爬虫：一种自动化程序，可以按照设定的规则和算法自动地从网页中抓取数据。爬虫可以模拟浏览器的行为，访问网页并提取所需的数据，如文本、图像、链接等。

应用程序接口：许多网站提供应用程序接口，通过这些接口可以获取网站的特定数据。应用程序接口提供了一种结构化和标准化的方式来获取数据，常用于获取社交媒体数据、地理位置数据等。

（3）其他数据采集方法

除了传统的数据采集方法，还存在着其他多种多样的数据采集方法，能够帮助人们拓展信息采集的边界，获得更加丰富和多样化的数据资源。

传感器数据采集：通过采集传感器数据，可以获取丰富的实时环境信息，如温度、湿度、压力、光照等。这种数据采集方法广泛应用于气象监测、环境监测、工业控制等领域。

社交媒体数据采集：社交媒体已经成为人们交流和分享信息的重要平台，通过采集社交媒体上的数据，可以了解用户的观点、兴趣和行为。这些数据包括用户发布的文本、图片和视频，以及社交关系网络等。社交媒体数据采集广泛应用于舆情监测、品牌声誉管理、用户行为分析等领域。

遥感数据采集：遥感技术利用航空器、卫星等遥感平台获取地球表面的图像和数据。

通过遥感数据采集，人们可以获取大范围、高分辨率的地理信息，如地形、土地覆盖、气候等。遥感数据采集广泛应用于地质勘探、环境监测、农业管理等领域。

图像和视频数据采集：图像和视频数据包含丰富的视觉信息，通过采集和分析图像和视频数据，人们可以获取物体识别、行为分析、情感分析等方面的信息。图像和视频数据采集广泛应用于安防监控、智能交通、医学影像等领域。

开放数据采集：随着开放数据的不断增加，可以利用开放数据接口来获取公共机构、企业和组织开放的数据资源。通过采集开放数据，人们可以获取人口统计、交通、气象等公共信息数据，为城市规划、商业分析、科学研究等提供依据。

9.1.4 数据预处理

数据预处理在数据分析和建模过程中扮演着至关重要的角色。数据预处理是为了改善原始数据的质量和可用性而进行的一系列处理步骤。通过数据预处理，人们可以消除数据中的错误和噪声，提高数据的准确性和一致性，降低数据维度和数据量。数据预处理可以帮助用户做出准确、可信的决策和预测。在大数据时代，数据预处理的重要性不可忽视，它为数据驱动的决策和创新提供了坚实的基础。

影响数据质量的因素很多，其中数据清洗在提升数据质量方面起着关键的作用。数据清洗是数据预处理的重要步骤，它能够发现并纠正数据集中可识别的错误，其中包括检查数据一致性、处理无效值、缺失值等。残缺数据、错误数据、重复数据是影响数据质量的主要因素。

数据预处理针对各种数据问题提供了相应的解决方法，并将这些方法按照不同的功能划分到处理过程中的每个步骤，以逐步实现提高数据质量、整合多源数据、调整数据形式、保留重要数据的目标。数据预处理的一般流程如图9-6所示。

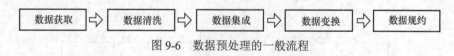

图9-6 数据预处理的一般流程

（1）数据获取

数据获取是预处理的第一步。这一步骤主要负责从文件、数据库、网页等众多渠道中获取数据，以得到预处理的初始数据，为后续的处理工作做好数据准备。

（2）数据清洗

数据清洗主要是将"脏"数据变成"干净"数据。这一步骤会通过一系列方法对"脏"数据进行处理，例如删除重复数据、填充缺失数据、检测异常数据等，以达到清除冗余数据、规范数据、纠正错误数据的目的。数据清洗如图9-7所示。

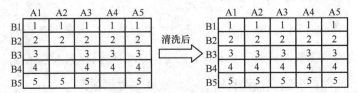

图9-7　数据预处理之数据清洗

（3）数据集成

数据集成是数据预处理过程中的重要环节。如图9-8所示，数据集成是将多个数据源的数据整合到一个一致的数据存储（如数据仓库）中。数据源的多样性，增添了数据集成的难度。

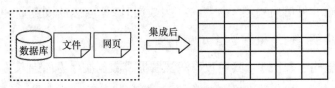

图9-8　数据预处理之数据集成

值得一提的是，在合并多个数据源时，因为数据源对应的现实实体的表达形式不同，所以我们要考虑实体识别、属性冗余、数据值冲突等问题。

（4）数据变换

数据变换主要负责将数据转换成适当的形式，以降低数据的复杂度。数据变换如图9-9所示。

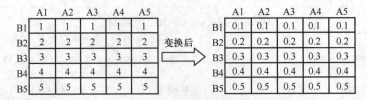

图9-9　数据预处理之数据变换

（5）数据规约

数据规约在尽可能保持数据原貌的前提下，负责最大限度地精简数据量，其方法包括降低数据的维度、删除与数据分析/数据挖掘主题无关的数据等。

数据规约如图 9-10 所示。

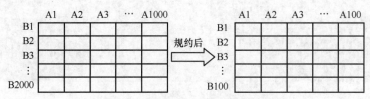

图 9-10　数据预处理之数据规约

需要说明的是，数据清洗、数据集成、数据变换、数据规约都是数据预处理的主要步骤，它们没有严格意义上的先后顺序，在实际应用时并非全部会被使用，具体要视业务需求而定。

9.2　大数据的存储与管理

9.2.1　数据存储概论

（1）大数据的存储介质

大数据存储介质主要包括磁盘存储、内存存储、云存储等。磁盘存储适合海量数据的长期存储。内存存储（如 Redis、Memcached）具有较快的读/写速度和低访问时延，适合实时数据处理。云存储（如 Amazon S3、华为云存储）提供灵活、可扩展的数据存储和备份服务。

云存储技术是一种将数据存储在远程服务器上的技术。它通过互联网连接将数据上传到云服务提供商的服务器，这些服务器通常构成一个分布式存储系统。用户可以通过网络来访问和管理存储在云中的数据。云存储有可扩展性高、可靠性强、灵活、安全、易于协作共享、成本低廉等优点。常见的云存储服务包括 Amazon S3、微软 Azure Blob 存储、谷歌云存储（Google Cloud Storage）、华为云存储等。这些云存储服务具有各种存储类型和功能选项，以满足不同用户的需求。云存储的优点包括节约成本、更好地备份数据并可以异地处理日常数据、便捷的访问方式。云存储机房如图 9-11 所示。

图 9-11　云存储机房

（2）大数据的存储模式

如图 9-12 所示，大数据的存储模式一般有 3 种：直连式存储（Direct-Attached Storage，DAS）、存储区域网络（Storage Area Network，SAN）、网络接入存储（Network-Attached Storage，NAS）。这 3 种存储模式广泛应用于企业存储系统中。

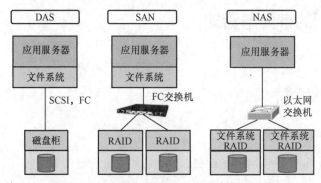

注：SCSI，Small Computer System Interface，小型计算机系统接口；
　　FC，Fiber Channel，光纤信道；
　　RAID，Redundant Arrays of Independent Disks，独立磁盘冗余阵列。

图 9-12　3 种大数据存储模式

DAS 有以下优点。

配置简单：DAS 购置成本低，只需配置一个外接的 SCSI。

使用简单：使用方法与使用本机硬盘并无太大差别。

使用广泛：在中小型企业中应用十分广泛。

DAS 有以下缺点。

扩展性差：在新的应用需求出现时，需要为新增的服务器单独配置新的存储设备。

资源利用率低：不同的应用服务器存储的数据量会随着业务发展出现存储空间分配不均

的情况。

可管理性差：数据分散，不便于集中管理、分析和使用。

异构化严重：不同厂商、不同型号的存储设备之间的异构化严重，使维护成本变高。

I/O 瓶颈：SCSI 处理能力会成为数据读/写的瓶颈。

SAN 有以下优点。

传输速度快：采用高速的传输媒介，且 SAN 独立于应用服务器系统之外。

扩展性强：SAN 的基础是一个专用网络，增加一定的存储空间或增加几台应用服务器都非常方便。

磁盘使用率高：整合了存储设备和采用虚拟化技术，因而整体空间的使用率大幅提升。

SAN 有以下缺点。

价格贵：SAN 阵列柜、SAN 光纤通道交换机、光通道卡等的价格昂贵。

异地部署困难：需要单独建立光纤网络，异地扩展比较困难。

NAS 有以下优点。

即插即用：容易部署，设备接入以太网就可以使用。

支持多平台：可以使用 Linux 等主流操作系统。

NAS 有以下缺点。

额外占用宽带：NAS 使用网络进行数据的备份和恢复，因此会占用网络带宽。

安全性不高：存储数据通过普通数据网络传输，因此容易产生数据泄露的安全问题。

通用性不足：只能以文件级访问，不适合块级的应用。

（3）不同应用场景存储模式的选择

对于 CPU 密集且对数据的访问要求不高且主要目的是计算的这种场景往往会采用 NAS 模式，因为 NAS 环境易搭建，成本较低。

对于 I/O 密集的应用环境且系统会对大量的数据进行频繁读/写的这种场景往往会采用 SAN 模式。

高并发随机小块 I/O 或共享访问文件的应用环境对小块的 I/O 读/写并不会对网络造成大的影响，因此这种场景往往会采用 NAS 模式。

NAS 提供了网络文件共享协议，通过以太网连接计算机。DAS 一般应用于中小企业，采用与计算机直连的方式。SAN 使用 FC 接口，可以提供更佳的存储性能。

9.2.2 分布式文件系统

在大数据时代，普通 PC 的存储容量已经无法满足大数据需求，需要进行存储技术的变革，采用分布式平台来存储大数据。HDFS 是基于 Java 的分布式文件系统，允许在 Hadoop 集群中的多个节点上存储大量数据，因此，Hadoop 将 HDFS 作为底层存储系统来存储分布式环境中的数据。

举例来说，如果有 10 台计算机，每台计算机有 1 TB 的硬盘，现在，将 Hadoop 作为存储平台部署在这 10 台计算机上，可获得 HDFS 的存储服务。Hadoop 分布式文件系统以这样的方式分发，即每台计算机都有自己的存储空间来存储任何类型的数据。

1. HDFS 的优点

分布式存储：其基本原理是将大文件划分为多个数据块，并将这些数据块（Block）存储在 Hadoop 集群中不同的计算节点上。每个数据块都会有多个副本，这些副本分布在不同的计算节点上以实现数据冗余和容错性。HDFS 采用主从架构，其中有一个名称节点（NameNode）负责管理文件系统的元数据（如文件名、目录结构），而多个数据节点（DataNode）负责存储和管理实际的数据块。客户端 Client 通过与名称节点通信获取文件的元数据信息，并直接与数据节点进行读写操作。备名称节点（Secondary NameNode）负责辅助名称节点进行元数据备份和日志合并，以提高系统的可靠性和性能，如图 9-13 所示。

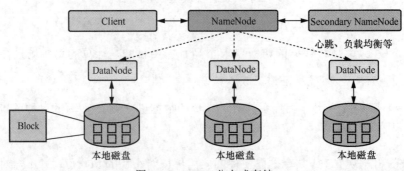

图 9-13　HDFS 分布式存储

分布式并行计算：如图 9-14 所示，其实现并行计算的原理是通过将数据划分为多个数据块并存储在 HDFS 集群中的不同节点上，同时利用 MapReduce 编程模型进行任务分发和结果汇总。具体而言，当进行并行计算时，计算任务被分解为多个子任务，并由 Hadoop

集群中的多个计算节点并行执行。每个计算节点负责处理一部分数据块的计算，并将计算结果返回给主节点进行汇总。

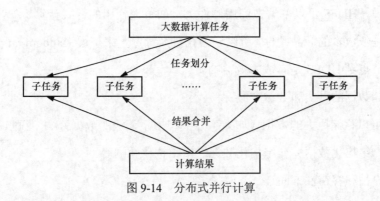

图 9-14　分布式并行计算

可伸缩：Hadoop 支持垂直和水平 2 种缩放形式，如图 9-15 所示。

在垂直缩放中，需要增加系统的硬件容量。换句话说，购买更多的内存或 CPU，并将其添加到现有系统，使其容量更大、运算能力更强大。在垂直缩放中，首先停止计算机，然后增加内存或 CPU，使其成为一个更强大的硬件堆栈。增加硬件容量后，重新启动计算机。在缩放时停机是一个技术挑战。

在水平缩放的情况下，可以向现有集群添加更多的节点，而不是增加单个计算机的硬件容量。最重要的是，在不停止系统的情况下，可以添加更多的计算机。因此在扩大规模的同时，没有任何停机时间，随时有更多的计算机加入并行工作，以满足需求。同时，当不需要那么多的计算机的时候，也可以释放计算机，实现动态的收缩。

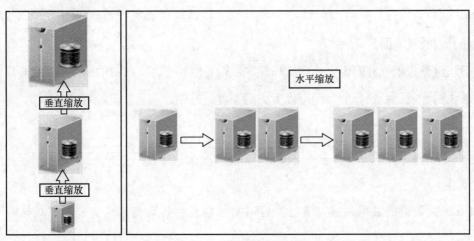

图 9-15　分布式扩展性

2．HDFS 的特性

（1）成本方面

一般来说，HDFS 可以部署在商用硬件上，如每天使用的台式计算机/笔记本计算机。因为使用的是低成本的商品硬件，所以无须花费大量资金来扩展 Hadoop 集群。换句话说，增加更多的节点到 HDFS 是有成本效益的。

（2）存储数据的种类和数量方面

HDFS 可以存储巨大的数据（如太字节级和拍字节级的数据），并且可以存储不同类型的数据，如结构化数据、非结构化数据、半结构化数据等。

（3）可靠性和容错性方面

将数据存储在 HDFS 中时，将给定的数据分割为数据块，并以分布的方式将其存储在 Hadoop 集群中。关于哪个数据块位于哪个数据节点上的信息被记录在元数据中。其中名称节点管理元数据，数据节点负责存储数据。

名称节点负责复制数据，即维护数据的多个副本。数据的这种复制使 HDFS 具有非常高的可靠性和容错性，因此，即使任何节点失败，也可以从驻留在其他数据节点上的副本中检索数据。在默认情况下，复制因子为 3，即如果要将 1 GB 的文件存储在 HDFS 中，则最终会占用 3 GB 的存储空间。名称节点定期更新元数据并与副本保持一致。

（4）数据完整性方面

存储在 HDFS 中的数据必须是正确的。HDFS 不断检查所存储数据的完整性及其校验和。一旦发现错误，HDFS 就会向名称节点报告。之后，名称节点创建新副本，删除损坏的副本。

（5）吞吐量方面

吞吐量是指单位时间内完成的工作量，如从文件系统访问数据的速度。吞吐量反映了一个系统的性能。并行处理数据可以大大减少处理时间，从而实现高吞吐量。

习　　题

9-1　大数据的数据来源有哪些？互联网数据有哪些采集方法？物联网数据有哪些应用？

9-2　大数据的结构有哪些？

9-3　网页数据采集有哪些方法？

9-4　请描述数据预处理的基本步骤和每一个步骤的内容。

9-5　设计一个数据采集方案，用于监控一个电商网站的用户行为。该方案需要能够高效、稳定地捕获用户的点击事件。

9-6　需要对房屋销售信息的数据集进行数据预处理，请列出至少 3 种数据预处理的步骤，并说明每个步骤的作用。

实　　验

1．实验主题
利用 Excel 软件进行租房数据清洗。

2．实验说明
数据清洗是数据预处理过程中的一个重要环节，旨在从原始数据中获取干净、整洁、准确的数据，为后续的数据分析和建模提供可靠的基础。本实验旨在利用 Excel 进行租房数据清洗，达到以下目的。

数据质量提升：原始租房数据通常存在数据缺失、重复、错误、格式不规范等问题。通过数据清洗，我们可剔除或修复不完整、不准确的数据，从而提升数据的质量和可信度。

数据一致性保障：不同数据来源或输入方式可能导致数据格式不一致。通过数据清洗，我们可统一数据的格式和标准，确保数据在不同字段之间的一致性，使数据更易于理解和分析。

数据可读性提高：清洗后的数据会更加规范和易读，便于后续进行数据分析、制作可视化图表和生成报告，帮助用户更好地理解数据背后的信息。

数据安全性保护：在清洗过程中，我们需注意不暴露敏感信息，确保数据处理符合隐私保护的相关法规和标准，保障数据的安全性。

数据准备：通过 Excel 的数据清洗功能，将为后续的数据分析和建模提供高质量的数据集，以节省时间和减少工作量。

总之，本实验旨在通过 Excel 进行租房数据清洗，使数据变得更加干净、整洁和可靠，为进一步的数据分析和研究提供高质量的数据，使决策和洞察更加准确和有效。

3. 实验内容

（1）打开 Excel 文件

租房数据通常是以 Excel 文件保存的，图 9-16 展示了相关内容。可以看出，从左向右每一列的数据分别是：租房主标题，表示租房广告的主要信息；租房详细信息的链接，表示租房详细信息的链接；租房显示图片链接，表示租房广告显示图片的存储地址；租房户型，表示出租房屋的内部基本结构；几居室（户型），表示出租房屋有几个房间；套间数，表示出租房屋有几个房源；房屋面积，表示出租房屋的房屋面积；租房地址 1，表示出租房屋的小区的具体地址；租房地址链接，表示出租房屋地址的网络链接；租房地址 2，表示出租房屋的小区名；租赁方式，表示出租方法；租金，表示出租房屋的租金。清洗数据的目标是保留租房主标题（必须去掉敏感信息）、租房户型、房屋面积、租房地址、租赁方式、租金，其他的列则是要清除的数据列。需要说明，具体保留哪些列的数据可以由读者自己根据项目实际情况决定。

1	租房主标题	租房详细信息的链接	租房显示图片链接	租房户型	几居室（户型）	套间数	房屋面积	租房地址1	租房地址链接	租房地址2	租赁方式	租金
2	豪华精装修 小区环境好 安静舒适 配套齐全 拎包入住	https://	https://	3室2厅	123	2	128.6	陆家嘴花	https://	陆家嘴花	整租	10500 元/
3	太便宜了！杨高南路7号线0距离 双南小两房一家人合租都适宜	https://	https://	2室1厅	462	1	46.6	由由六村	https://	由由六村	整租	5500 元/
4	实拍随时看房 房东大姐人好 离大门近 出行方便 榻榻米风格	https://	https://	1室0厅	421	0	42	昌五小区	https://	昌五小区	整租	4400 元/
5	个人 有房出租 押一付一 直达人广 无中介费 中介勿扰	https://	https://	2室1厅	222	1	22	东方丽都	https://	东方丽都	合租	900 元/月
6	精装修！电梯两房！紧靠蓝村路4 6号线！近陆家嘴金融中心！	https://	https://	2室1厅	982	1	98	海富花园	https://	海富花园	整租	7200 元/
7	精装修！双南两房！楼下就是蓝村路4 6号双轨！随时看房！	https://	https://	2室1厅	982	1	98	海富花园	https://	海富花园	整租	8000 元/
8	精装修 近地铁 交通便利 仁济 世纪大道 由由国际 巴黎春天	https://	https://	1室1厅	411	1	41	文兰小区	https://	文兰小区	整租	4500 元/
9	近918号线 进才陪读 豪华精装修 随时可看 可小刀	https://	https://	3室2厅	113	2	115.5	申舟明阳	https://	申舟明阳	整租	11000 元
10	达安春之声两房两厅 电梯中高区 谋停车 全名户型 品质小区	https://	https://	2室2厅	992	2	99.5	达安春之	https://	达安春之	整租	8000 元/
	蓝村小区 精装修 一房一厅 近46号线地铁口	https://	https://	1室1厅	371	1	37	蓝村小区	https://	蓝村小区	整租	4500 元/
12	12号线杨高北路地铁口，主卧室一室户，拎包入住	https://	https://	2室0厅	212	0	21	证大家园	https://	证大家园	合租	1200 元/
13	2号地铁口，装修简单大方干净，决对真实，现场实拍，押一付一。	https://	https://	1室1厅	441	1	44	泰荣苑	https://	泰荣苑	整租	4500 元/
14	豪华装修 家电齐全 民水民电 可短租 近2469世纪大道 抢	https://	https://	1室1厅	471	1	47.6	竹园小区	https://	竹园小区	整租	5200 元/
15	8号线芦恒路站 奶油风一室一厅 近前滩 直达人广 随时看房	https://	https://	1室1厅	681	1	68	一品漫城	https://	一品漫城	整租	3500 元/
16	带产权车位 房屋南北通透 采光视野好 进才福外陪读优选好房	https://	https://	2室2厅	112	2	124.8	盛世年华	https://	盛世年华	整租	11000 元
17	吐血的价，神奇的房，保证给您一个舒适的居住环境	https://	https://	3室1厅	823	1	82.4	星海家园	https://	星海家园	整租	4800 元/
18	近6号线北洋泾地铁站 看房方便 全屋精装 拎包入住 价格可谈	https://	https://	2室1厅	582	1	58.5	张杨南苑	https://	张杨南苑	整租	5800 元/
19	曹路拎包入住!朝南合租	https://	https://	2室0厅	392	0	39.1	金海华城	https://	金海华城	合租	1950 元/
20	近地铁口 软件园 金融中心仁济医院 居家装修	https://	https://	1室1厅	351	1	35	蓝村小区	https://	蓝村小区	整租	4500 元/
21	近广兰路地铁 精装朝南带阳台一居室 设施齐全 采光极好	https://	https://	1室1厅	331	1	33	玉兰香苑	https://	玉兰香苑	整租	2700 元/
22	馨悦名邸 3室2厅1卫 精装修 电梯房 南北通透	https://	https://	3室2厅	903	2	90	馨悦名邸	https://	馨悦名邸	整租	4500 元/
23	中心地段，周边配套齐全，公交地铁站包围，随时拎包入住	https://	https://	2室2厅	852	2	85.9	申舟明阳	https://	申舟明阳	整租	7900 元/
24	整租两房15号线直达娄山关路次新房两房朝南押一付一	https://	https://	2室1厅	862	1	86	祁连欣苑	https://	祁连欣苑	整租	4800 元/
25	上新！（近地铁）毕业季租房大学生的选择 豪华精装修 拎包入住	https://	https://	1室1厅	591	1	59.5	浦江东旭	https://	浦江东旭	整租	3800 元/
26	官方核验！可短租 精装修拎包入住 交通便利 七日免租期	https://	https://	2室1厅	202	1	20	峨山路45	https://	峨山路45	合租	1000 元/
27	品质小区 电梯三房 南北通透 全新装修 配套齐全	https://	https://	3室2厅	123	2	122	今达花园	https://	今达花园	整租	10000 元
28	毕业季！可短租！蓝村路，塘桥，陆家嘴金融广场，由由世纪广场	https://	https://	1室1厅	491	1	49	海富花园	https://	海富花园	整租	4900 元/
29	上新房（可养宠物）精装，车位充足，可办居住证，近6号线地铁口	https://	https://	1室1厅	561	1	56.2	汇都海棠	https://	汇都海棠	整租	3300 元/
30	精装！近地铁618号民生路地铁站！看房随时！周边配套齐全！	https://	https://	2室1厅	512	1	51.7	羽北小区	https://	羽北小区	整租	5800 元/
31	精装修 近地铁6.9.14号蓝天站 可办居住证!停车位!	https://	https://	1室1厅	421	1	42	金杨新村	https://	金杨新村	整租	3800 元/
32	川沙好房推荐！2号线地铁高层电梯房朝南大主卧一室户！看房随时	https://	https://	3室2厅	213	2	21	馨汇佳苑	https://	馨汇佳苑	合租	890 元/月
33	品质小区 电梯三房 南北通透 全新装修 配套齐全	https://	https://	3室2厅	123	2	122	今达花园	https://	今达花园	整租	10000 元
34	新上福利！现拍实图！今天刚挂牌，自住精装，近地铁，业主急租	https://	https://	2室1厅	532	1	53	虹古大楼	https://	虹古大楼	整租	5800 元/
35	精装！近地铁618号民生路地铁站！看房随时！周边配套齐全！	https://	https://	2室1厅	512	1	51.7	羽北小区	https://	羽北小区	整租	5800 元/
36	实房实价 8号线杨思 整租一房 室内干净整洁采光好 看房随时	https://	https://	1室1厅	461	1	46	南杨小区	https://	南杨小区	整租	4000 元/
37	推荐曹路金海华城永华苑朝南享受生活的快感！！！	https://	https://	3室1厅	433	1	43.8	金海华城	https://	金海华城	合租	1800 元/

图 9-16 租房数据 Excel 文件内容展示

（2）清洗数据

① 确定包含敏感信息的列，选中这些列。

② 使用 left()和 right()函数对数据进行脱敏，得到的结果如图 9-17 所示。这里的 left()和 right()函数有两个参数，第一个参数表示需要处理的数据所在的单元格，第二个参数表示从左边（右边）开始向右边（左边）保留的字符串的个数，*代表保留的字符串以外的数据用*替换。

除了 left()和 right()函数，Excel 还提供了 substitute (text, old_text, new_text)函数用于敏感数据脱敏。substitute()函数有 3 个：参数 text 表示需要替换其中字符的文本，或是含有文本的单元格引用；old_text 表示需要替换的旧文本；new_text 表示用于替换 old_text 的文本。

租房主标题			租房详细	租金	租房户型	几居室	套间数	房屋面积	租房地址
豪华精装修｜小区环境好｜安静舒适｜配套齐全｜拎包入住			https://	≤10500 元//	3室2厅	1 2 3	2	128.6	陆家嘴花
太便宜了！杨高南路7号线0距离 双南小两房一家人合租都适宜			https://	≤5500 元//	2室1厅	4 1 2	1	46.6	由由六村
实拍随时看房 房东大姐人好 离大门近 出行方便 榻榻米风格			https://	≤4400 元//	1室0厅	4 1 1	0	42	昌五小区
个人 有房出租 押一付一 直达人广 无中介费 中介勿扰			https://	≤900 元/月	2室1厅	2 2 2	1	22	东方丽都
精装修！电梯两房！紧靠蓝村路4 6号线！近陆家嘴金融中心！			https://	≤7200 元//	2室1厅	9 8 2	1	98	海富花园
精装修！双南两房！楼下就是蓝村路4 6号双轨！随时看房！			https://	≤8000 元//	2室1厅	9 8 2	1	98	海富花园

图 9-17　敏感信息脱敏

③ 使用 Excel 的数据筛选功能去除数据重复项，如图 9-18 所示。

（a）筛选唯一值　　　　　　　　　　　　　（b）删除重复值
（依次选择"数据"→"筛选"→"高级"）　　（依次选择"数据"→"数据工具"→"删除重复项"）

图 9-18　去除数据重复项

④ 选择租金和房屋面积两列，设置房屋面积列的单元格类型为数值类型，房租这一列，需要提取租金数值，使用函数 LEFT(L65, LEN(L65) - 4)，如图 9-19 所示。

图 9-19　提取数值信息

（3）保存清洗后的数据

① 请确保在进行清洗操作前已备份原始数据，以免不小心丢失原始信息。

② 保存清洗后的数据，确保在处理后的数据中已对敏感字段进行了清洗。

4. 提交文档

根据以上操作步骤清洗 Excel 文件的租房数据，并将原始数据和清洗后的数据一并提交。

项目十　分析和可视化大数据

　　随着信息技术的快速发展，大数据在各个领域的产生和应用日益增多。然而，如何有效地处理、分析和展现这些海量数据成了一个亟待解决的问题。在这样的背景下，大数据的处理与分析、可视化技术应运而生，并逐渐成了大数据时代不可或缺的一部分。相比传统的数据处理与分析技术，大数据处理与分析技术能够满足海量数据的高并发读/写、数据类型多样化、高可用等需求；而可视化技术具有更好的可读性和可交互性，能够帮助人们更加快速、准确地做出决策和推断。

　　本章主要内容如下。

　　（1）大数据处理技术解决的问题及技术分类。

　　（2）统计数据分析、基于机器学习的分析中的核心技术。

　　（3）大数据处理与分析技术的典型应用场景。

　　（4）数据可视化的基本概念、发展历史与基本作用。

　　（5）数据可视化的方式与常用工具。

　　（6）数据可视化的典型应用场景。

🌀 导读案例 🌀

案例10　小红书调查数据的分析与可视化

　　要点：可视化技术为大数据的展现提供了强大的支持，通过图表、图像、动画等方式将海量数据以可视化形式进行呈现，使人们可以直观、清晰地理解和分析数据，发现隐藏在数据中的规律和洞察。

　　小红书是当代年轻人的一种生活方式分享平台。在平台上，用户通过图片、视频、文字等多种方式记录、分享生活方式与经验。平台通过机器学习对海量信息和人进行精准、高效匹配，分析平台数据有助于帮助了解行业信息及变化趋势，并利用可视化技术将分析的结果进行科学展示。例如，平台对运动户外服饰相关数据进行分析，分析结果的可视化效果如下。

用户对运动户外服饰的接受度及主要用户群体的分析如图 10-1 所示。

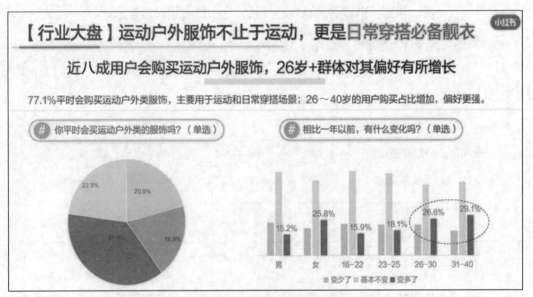

图 10-1　用户对运动户外服饰的接受度及主要用户群体的分析

对用户的运动户外服饰主要购买渠道的分析如图 10-2 所示。

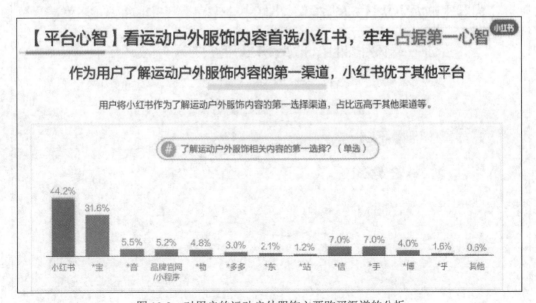

图 10-2　对用户的运动户外服饰主要购买渠道的分析

对平台的优势进行分析，得出穿搭晒单、真实评价、产品推荐是吸引用户的关键因素，如图 10-3 所示。

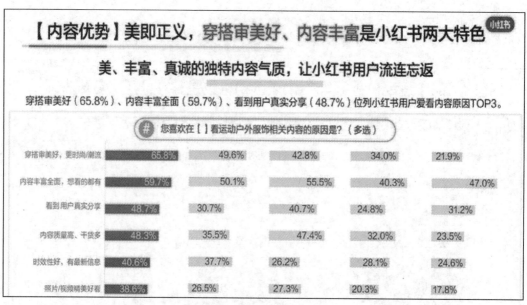

图 10-3　对平台的优势进行分析

对平台的内容影响力进行分析，超六成用户认可小红书对其购买运动户外服饰意愿有很大影响，如图 10-4 所示。

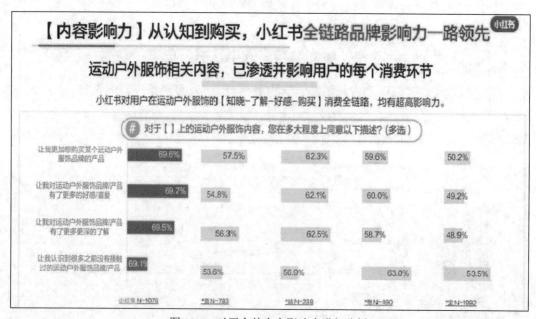

图 10-4　对平台的内容影响力进行分析

10.1　大数据的处理与分析

10.1.1　大数据的处理技术

在数据处理与分析环节，我们可以利用数据挖掘和机器学习算法，并结合大数据处理技术，对海量数据进行计算，得到有价值的结果，服务于生产和生活。应用场景和数据类型的多样化，使得单一的技术无法满足各种类型的计算需求。按处理问题的类型，大数据的处理技术大致可分为批处理计算、流计算、图计算、查询分析计算等多种类型，如表 10-1 所示。

表 10-1　大数据的处理技术

数据处理与分析类型	解决问题	代表产品
批处理计算	针对大规模数据的批量处理	MapReduce、Spark 等
流计算	针对流数据的实时计算处理	Storm、S4、Flume、Streams、Puma、DStream、Super Mario、银河流数据处理平台等
图计算	针对大规模图结构数据的处理	Pregel、GraphX、Giraph、PowerGraph、Hama、GoldenOrb 等
查询分析计算	大规模数据的存储管理和查询分析处理	Dremel、Hive、Cassandra、Impala 等

（1）批处理计算

批处理计算主要针对大规模数据的批量处理。这是日常数据分析工作中常见的一类数据处理需求，一般是对历史数据进行处理，耗时相对较长。批处理计算的基本流程是：首先从数据库中读取批量数据，然后对数据进行计算处理，最后以图形方式或数据文件方式输出。

（2）流计算

流数据也是大数据分析中的重要数据类型。流数据（或数据流）指在时间分布和数量上无限的一系列动态数据集合体，数据的价值随着时间的流逝而降低，因此，必须采用实时计算的方式给出秒级响应。流计算可以实时处理来自不同数据源的、连续到达的流数据，并给出有价值的分析结果。

（3）图计算

在大数据时代，许多大数据以大规模图或网络的形式呈现，如社交网络、传染病传播途径、交通事故对路网的影响等。此外，许多非图结构的大数据也常常被转换为图模型后再进行处理分析。这类数据的处理需要用到图计算。

（4）查询分析计算

针对超大规模数据的存储管理和查询分析，需要提供实时或准实时的响应，才能很好地满足企业经营管理需求。查询分析计算刚好可以满足这类数据的要求。

10.1.2 统计数据分析

在大数据时代，数据在社会中扮演着重要的角色，然而数据通常并不能直接被人们所用。要从大量看似杂乱无章的数据中揭示其隐含的内在规律，发掘有用的知识以指导人们进行科学的推断与决策，就需要对这些纷繁复杂的数据进行分析。可以说，分析是将数据转化为知识最关键的一步。

在统计数据分析中，最简单且直接的方式是对数据进行宏观层面的数据描述性分析，如均值、方差等。而在含有多个变量的数据分析过程中，对变量之间的作用关系可以用回归分析来判断。下面详细介绍数据描述性分析、相关性分析、回归分析。

（1）描述性分析

在大数据分析中，获取数据后第一时间要做的往往是从一个相对宏观的角度观察这些数据的特征。这些能够概括数据位置特性、分散性、关联性等数字特征，以及能够反映数据整体分布特征的分析方法称为数据描述性分析。图 10-5 展示了月球围绕地球旋转一周的月相变化规律。

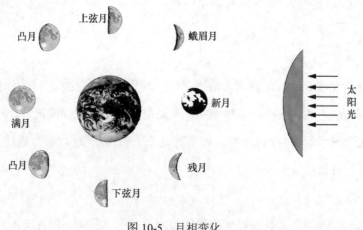

图 10-5　月相变化

（2）相关性分析

相关性分析是一种用来确定两个变量是否互相有关系的技术。如果发现两个变量有关，那么下一步是确定它们之间的关系。例如，变量 B 无论何时增长，变量 A 都会增长，更进一步，可能会探究变量 A 与变量 B 的关系到底如何，这意味着需要分析变量 A 增长与变量 B 增长的相关程度。图 10-6 展示了两个变量之间呈正相关关系、无相关关系和负相关关系。

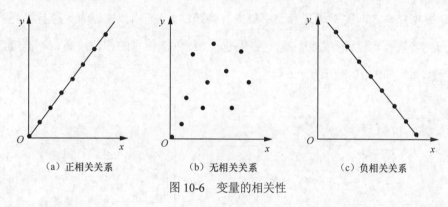

（a）正相关关系   （b）无相关关系   （c）负相关关系

图 10-6　变量的相关性

（3）回归分析

回归分析技术旨在探寻在一个数据集内一个因变量与自变量的关系。利用此项技术可以帮助确定当自变量变化时，因变量值的变化情况。例如，确定温度（自变量）和作物产量（因变量）之间存在的关系类型，当自变量增加时，因变量是否会增加？如果是，增加是线性的还是非线性的？图 10-7 展示了线性回归和非线性回归。

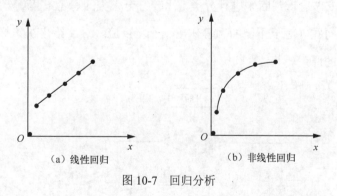

（a）线性回归   （b）非线性回归

图 10-7　回归分析

10.1.3　基于机器学习的分析技术

一般来说，统计特征只能反映数据的极少量信息，若想得到更多有价值的信息，就需要借助更精确的方法来处理数据。随着大数据的出现，机器学习也广泛运用于各个领域。所谓的"机器学习"，是基于数据本身，自动构建解决问题的规则与方法。机器学习用到的算法很多，下面对 k-means 聚类算法、决策树算法、随机森林算法、逻辑回归算法进行简单介绍。

（1）k-means 聚类算法

k-means 聚类算法是聚类中的经典算法。所谓"聚类算法"，是指将一堆没有标签的数据自动划分成几类的方法，属于无监督学习方法。这个方法要保证同一类的数据有相似的特征，根据样本之间的距离或者说相似性（亲疏性），把相似性越大、差异性越小的样本聚成一类（簇），最后形成多个簇，使得同一个簇内部样本的相似度高，不同簇之间样本的差异性高，如图 10-8 所示。

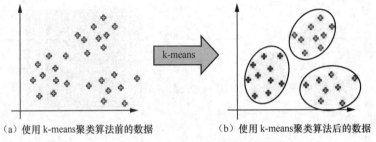

（a）使用 k-means 聚类算法前的数据　　　（b）使用 k-means 聚类算法后的数据

图 10-8　k-means 聚类算法示意

（2）决策树算法

决策树算法采用根据条件进行判断的逻辑框架，以树形分类的结构来进行数据分类的方法。这种方法依靠逻辑判断来进行分类，比较符合人类的思考过程。一般的判断过程是提出有区分性的问题，对于不同的回答作出下一步反应，最终给出决策标签。图 10-9 展示了决策树算法的原理。

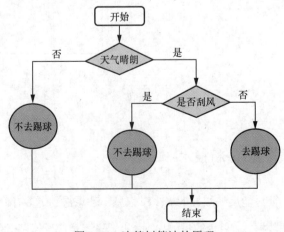

图 10-9　决策树算法的原理

（3）随机森林算法

很多时候，有一部分数据特征与分类结果的相关性较大，这在所有的决策树中都会出现。这些特征虽然是好的特征，但是会导致训练出的决策树大同小异，使"取平均"失去了意义，带来过拟合问题，也阻碍了相关度中等的特征发挥它们本来可能发挥的作用。为了解决这个问题，1995 年研究人员提出了随机森林算法，即在"多决策树分类"每次随机选取一个训练数据子集生成决策树的基础上，把这个决策树使用的特征也限定在所有特征的一个随机的子集。随机森林算法在很大程度上避免了在训练数据集上表现很好，但在交叉验证的数据集上表现一般的问题。

（4）逻辑回归算法

逻辑回归也称作逻辑回归分析，是一种广义的线性回归分析模型，属于机器学习中的监督学习。逻辑回归算法的推导过程与计算方式类似于回归的过程，但该算法主要用于解决二分类问题（也可以解决多分类问题）。该算法通过给定的 n 组数据来训练模型，并在训练结束后对给定的一组或多组数据进行分类，其中每一组数据由 p 个指标构成。在图 10-10 中，数据经过训练后被分为两类。

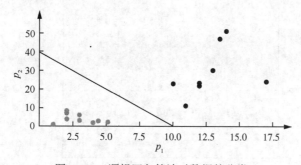

图 10-10　逻辑回归算法对数据的分类

10.1.4　大数据处理与分析案例

本小节案例只进行文字说明，不讲操作的细节。

（1）基于回归方法的财政收入预测

本案例根据财政收入相关的样例数据（不需要展示原始数据），通过相关系数的大小间接判断财政收入与选取的特征之间的相关性，通过计算得到了与财政收入相关的参数，如图 10-11 所示。

相关系数矩阵为：

\	x_1	x_2	x_3	x_4	x_5	x_6	x_7	x_8	x_9	x_{10}	x_{11}	x_{12}	x_{13}	y
x_1	1.00	0.95	0.95	0.97	0.97	0.99	0.95	0.97	0.98	0.98	-0.29	0.94	0.96	0.94
x_2	0.95	1.00	1.00	0.99	0.99	0.92	0.99	0.99	0.98	0.98	-0.13	0.89	1.00	0.98
x_3	0.95	1.00	1.00	0.99	0.99	0.92	1.00	0.99	0.98	0.99	-0.15	0.89	1.00	0.99
x_4	0.97	0.99	0.99	1.00	1.00	0.95	0.99	1.00	0.99	1.00	-0.19	0.91	1.00	0.99
x_5	0.97	0.99	0.99	1.00	1.00	0.95	0.99	1.00	0.99	1.00	-0.18	0.90	0.99	0.99
x_6	0.99	0.92	0.92	0.95	0.95	1.00	0.93	0.95	0.97	0.96	-0.34	0.95	0.94	0.91
x_7	0.95	0.99	1.00	0.99	0.99	0.93	1.00	0.99	0.98	0.99	-0.15	0.89	1.00	0.99
x_8	0.97	0.99	0.99	1.00	1.00	0.95	0.99	1.00	0.99	1.00	-0.15	0.90	1.00	0.99
x_9	0.98	0.98	0.98	0.99	0.99	0.97	0.98	0.99	1.00	0.99	-0.23	0.91	0.95	0.98
x_{10}	0.98	0.98	0.99	1.00	1.00	0.96	0.99	1.00	0.99	1.00	-0.17	0.90	0.99	0.99
x_{11}	0.29	-0.13	-0.15	-0.19	-0.18	-0.34	-0.15	-0.15	-0.23	-0.17	1.00	-0.43	-0.16	-0.12
x_{12}	0.94	0.89	0.89	0.91	0.90	0.95	0.89	0.90	0.91	0.90	-0.43	1.00	0.90	0.87
x_{13}	0.96	1.00	1.00	1.00	0.99	0.94	1.00	1.00	0.99	0.99	-0.16	0.90	1.00	0.99
y	0.94	0.98	0.99	0.99	0.99	0.91	0.99	0.99	0.98	0.99	-0.12	0.87	0.99	1.00

图 10-11　与财政收入相关的参数

我们将繁杂的相关系数矩阵可视化，得到相关系数小于 0.9 的关系图，如图 10-12 所示。

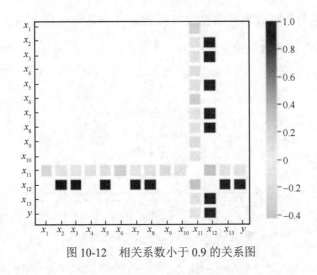

图 10-12　相关系数小于 0.9 的关系图

我们通过对相关参数的分析和计算，建立了预测模型，并使用该预测模型得到 2015 年财政收入的预测值，如图 10-13 所示。

影响地方财政收入的因素众多，需要计算各影响因素与目标特征之间的相关系数，通过相关系数的大小间接判断财政收入与选取的特征之间的相关性。本案例所用的财政收入数据分为地方一般预算收入和政府性基金收入。案例结合统计学理论，识别影响地方财政收入的关键特征，并基于回归算法和灰色模型预测两年内的财政收入状况，并将分析结果进行可视化展示。

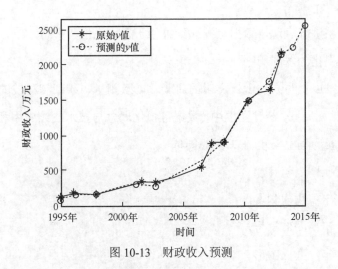

图 10-13　财政收入预测

（2）基于 OpenCV 的图像处理与人脸识别

人脸识别是基于人的脸部特征信息进行身份识别的一种生物识别技术。人脸是身份辨识的重要方式，它是确定一个人身份方式的有效手段。人脸识别应用广泛，如公司的考勤系统、小区的门禁系统、银行的业务系统等。OpenCV 包含 500 多个函数，涉及计算机视觉的各个领域，例如人机互动、物体识别、机器视觉等。

10.2　数据可视化技术

10.2.1　数据可视化的概念及发展

测量的自动化、网络传输过程的数字化和大量的计算机仿真产生了海量数据，超出了人类分析处理的能力。数据可视化提供了解决这种问题的一种新方法。数据可视化是把数据、信息和知识转化为可视的表示形式，并获得对数据更深层次认识的过程。数据可视化作为一种可以放大人类感知的数据、信息、知识的表示方法，日益受到重视并得到越来越广泛的应用。

（1）什么是数据可视化

一般意义下数据可视化的定义为：数据可视化是一种使复杂信息能够容易和快速被人理解的手段，是一种聚焦信息重要特征的技术，可放大人类感知的图形化表示方法。数据可视化技术以人们惯于接受的表格、图形、图像等方法，并辅以信息处理技术，将客观事物及其内在的联系进行表现，数据可视化结果便于人们记忆和理解。

（2）数据可视化的发展历程

数据可视化发展史与人类现代文明的启蒙，以及测量、绘画和科技的发展一脉相承，在地图、科学与工程制图、统计图表中，数据可视化理念与技术已经应用和发展了数百年。数据可视化的发展历程主要包含以下 7 个阶段。

1600 年以前：图表萌芽。

1600—1699 年：物理测量。

1700—1799 年：图形符号。

1800—1899 年：数据图形。

1900—1945 年：现代启蒙。

1946—2004 年：交互可视化。

2005 年至今：可视化分析学。

10.2.2　数据可视化的作用

在大数据时代，数据规模和复杂性的不断增加限制了普通用户从大数据中直接获取知识，数据可视化的需求越来越大，依靠数据可视化手段进行数据分析必将成为大数据分析流程的主要环节之一。让数据可视化手段有效参与复杂的数据分析过程，可以提升数据分析效率，改善数据分析效果。

在大数据时代，数据可视化技术可以支持实现多种不同的目标。

（1）观测、跟踪数据

许多实际应用的数据量已经远远超出人类大脑可以理解和消化吸收的能力范围，对于处于不断变化中的大量数据，如果还以枯燥的数值形式呈现，人们必将茫然无措。利用变化的数据生成实时变化的可视化图表，可以让人们一眼看出各种参数的动态变化过程，有效地跟踪各种参数值。例如，导航 App 可提供基于实时路况的导航服务，如图 10-14 所示。

（2）分析数据

分析数据时，人们可利用数据可视化技术，实时呈现当前分析结果，引导用户参与分析过程，并根据用户反馈信息执行后续分析操作，完成用户与分析算法的全程交互，实现数据分析算法与用户知识的完美结合。在此过程中，数据首先被转化为图像呈现给用户，用户通过视觉系统进行观察、分析，同时结合自己的知识背景，对可视化图像进行认知，从而理解和分析数据的内涵与特征。用户还可以根据分析结果，通过改变可视化程序系统的设置来交互式地改变输出的可视化图像，从而可以根据自己的需求从不同角度对数据进行理解。例如，在项目开发过程中，用于沟通、描述程序运行过程与原理的流程图等就是数据可视化技术在分析数据时的应用。

图 10-14　导航 App 提供的导航服务

（3）辅助理解数据

数据可视化技术可帮助普通用户更快、更准确地理解数据背后的含义，如用不同的颜色区分不同对象、用动画显示变化过程、用图结构展现对象之间的复杂关系等。例如，社交网络图便是使用相关技术，从超过 10 亿张的中文网页中自动抽取人名、地名、机构名和中文短语等信息，并通过算法自动计算出这些信息之间存在关系的可能性，最终以可视化的关系图形式呈现计算结果。

（4）增强数据吸引力

枯燥的数据被制作成具有强大视觉冲击力和说服力的图像，可以大大增强读者的阅读兴趣。可视化的图表新闻就是一个非常受欢迎的应用。现在的新闻播报越来越多地使用数据图表，动态、立体化地呈现报道内容，让读者对内容一目了然，大大提高了知识理解的效率。

10.2.3　数据可视化的常用图表与工具

（1）数据可视化的常用图表

数据可视化技术运用计算机图形学和图像处理等技术，以图表、地图、动画或其他使内容更容易理解的图形方式来表示数据，使数据所表达的内容更易于识别。可视化中常用的图表类型有柱形图、折线图、散点图、饼图、雷达图等，如图 10-15 所示。

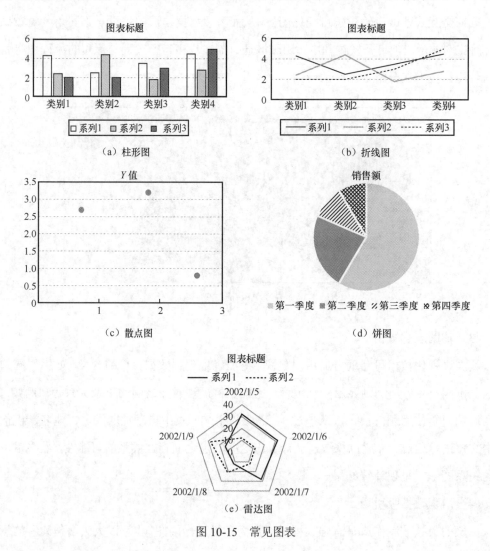

图 10-15　常见图表

（2）数据可视化工具

目前数据可视化工具很多，但一款好用的可视化工具须具备实时性、操作简单、丰富的展示效果、支持多种数据集成方式等特性。众多的可视化工具大致可分为入门级工具、商用分析工具、高级编程分析工具 3 类。

①　入门级工具

Excel 是快速分析数据的入门级理想工具，能创建供内部使用的数据图。Excel 在颜色、线条和样式上可选择的范围有限，这意味着用 Excel 很难制作出符合专业出版物和网站需要的数据图。图 10-16 所示为用 Excel 可视化的数据分析结果。

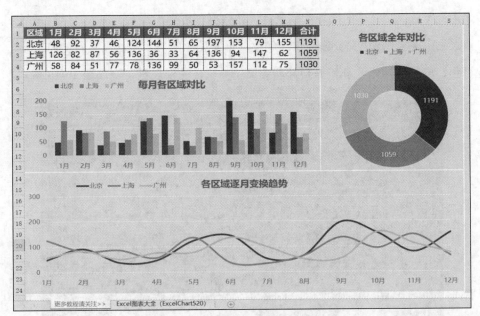

图 10-16　Excel 可视化数据分析结果

② 商用分析工具

市场上的商用分析工具有很多，这里简单介绍 FineBI、Tableau、Power BI 这 3 种。

帆软公司的 FineBI 是国内专业的商用大数据分析软件，可提供一站式商业智能解决方案，不仅可以设计信息图，还可以展示实时的数据。该软件内置了大量可供控制和选择的选项，用于生成让人满意的图表。图表示例如图 10-17 所示。

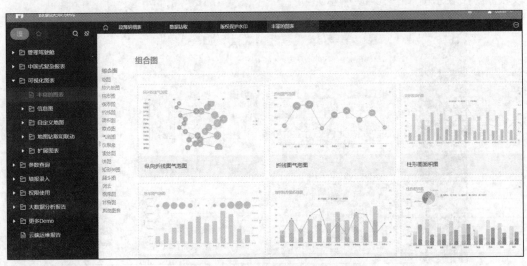

图 10-17　FineBI 可视化图表示例

Tableau 公司的 Tableau 软件是全球领先的数据可视化平台。该平台可以帮助用户将数据转化为视觉化、交互式的图表和仪表盘，让数据分析更加直观、深入。无论是新手，还是专业人士，都可以使用 Tableau 快速创建数据驱动的故事和洞见，从而更加高效地发现商业机会、进行差异化竞争和提高管理效果。该软件的仪表盘示例如图 10-18 所示。

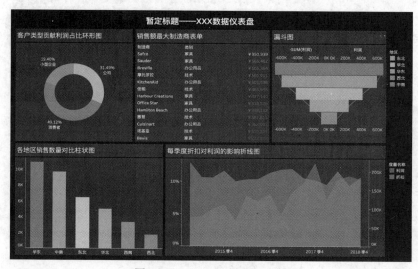

图 10-18　Tableau 仪表盘示例

微软公司的 Power BI 是软件服务、应用和连接器的集合，它将相关数据转换为连贯的、视觉逼真的交互式效果。无论是 Excel 电子表格，还是基于云和本地混合数据仓库的集合，它都可让用户轻松地连接到数据源，直观地看到重要内容，并轻松进行信息共享。该软件的图表示例如图 10-19 所示。

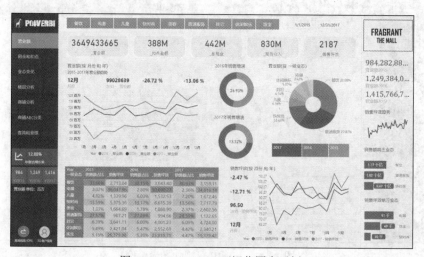

图 10-19　Power BI 可视化图表示例

③ 高级编程分析工具

高级编程分析工具是利用编程语言,根据业务需求,编写对应的程序进行数据可视化,其中,使用比较多的有 R 语言、D3、Python 等。Python 作为数据分析的首选语言,针对数据分析的每个环节提供了很多库。在可视化方面,Python 也提供了很多的库,常用的可视化库包括 Matplotlib、Seaborn、Pyecharts 等。该软件的图表示例如图 10-20 所示。

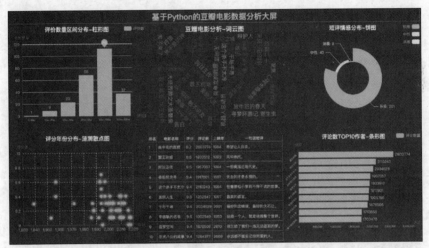

图 10-20　Python 可视化图表示例

10.2.4　数据可视化案例

（1）某公司各区域销售额和利润率分析可视化

某公司通过对企业各区域销售数据和利润率的研究与分析,比较和评估实际销售额与计划销售额之间的差距,为未来的销售工作提供指导。销售额分析是企业对销售计划执行情况的检查,是分析本企业的经营状况和员工考核的重要依据。通过采集和整理大量的销售数据,如产品数量、消费金额、利润率等,可以深入了解各地区产品的销售特点和优势、劣势,为公司的发展和计划提供有价值的参考。使用 Excel 可以对销售数据进行分析并展示分析结果,让公司领导更直观地了解产品的销售情况,方便公司高层做出更明智的销售决策,为公司的运营提供数据支持。图 10-21 所示为用 Excel 分析和可视化某公司各区域销售额和利润率的情况。

（2）设备检测数据的分析和可视化

目前国内无论是企业还是高校,都在开展相应的智慧生产环境的建设,智慧车间、智慧平台、智慧后勤如火如荼地进行着。本案例的设备检测可视化大屏项目采用了物联网、人工智能、可视化等技术来建设"智慧化"的生产综合管理平台，能够提高生产设备的管理水平，提高生产设备利用率，减轻设备管理人员的工作负担，为企业提供高效生产和产品创新等自由灵活的生产环境，为高效安全的生产提供强有力的支持保障，彻底改变了以往的管理模式。该项目支持设备检测数据的分析和可视化，界面如图 10-22 所示。

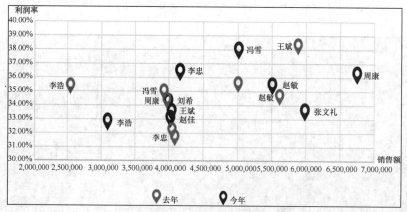

图 10-21　某公司各区域销售额和利润率

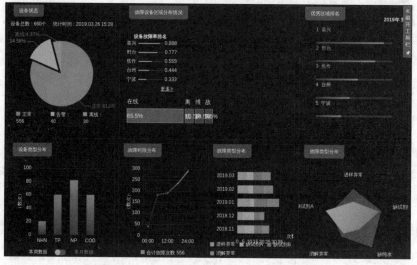

图 10-22　设备检测数据的分析和可视化界面

习　　题

10-1　大数据处理技术主要有哪些类型？

10-2　大数据处理技术中的批处理计算和流计算主要解决什么样的问题？

10-3 统计数据分析技术有哪些?

10-4 数据可视化的作用和意义是什么?

10-5 数据可视化常用的图表类型有哪些?

10-6 数据可视化的典型工具有哪些?

实 验

1. 实验主题

使用 Excel 制作客户画像。

2. 实验说明

为企业客户群画像,能够帮助企业实现"千人千面",使企业可以针对不同人群制订差异化的营销策略。描绘客户画像,首先需要明确客户画像涉及的维度。一般来说,描绘客户画像需要分析的维度主要有客户年龄、客户地域、客户消费层级、客户产品偏好、客户来源终端、客户性别、客户职业等,因此,某企业决定先从这几个维度展开分析,然后汇总分析结果形成客户画像,进而形成分析结论并提出合理的客户营销策略,指导新产品推广。本实验所用数据为模拟数据。

3. 实验内容

描绘客户画像前,先获取待分析的数据。数据如图 10-23 所示。

	客户编号	年龄	访客来源	性别	常住地区	客户职业	产品名称	产品价格(元)	订单数量
3	N01002119	33	移动端	女	河南	医务人员	产品A	299	1
4	N01002015	40	PC端	女	河南	工人	产品C	89	1
5	N01002100	29	移动端	男	天津	公务员	产品C	89	1
6	N01002023	41	移动端	女	浙江	工人	产品A	299	1
7	N01002028	24	移动端	女	天津	医务人员	产品A	299	1
8	N01002024	40	移动端	女	四川	工人	产品A	299	1
9	N01002071	27	PC端	女	天津	医务人员	产品C	89	1
10	N01002109	30	移动端	不详	河南	公司职员	产品C	89	1
11	N01002077	30	PC端	女	天津	学生	产品A	299	1
12	N01002014	42	移动端	不详	浙江	医务人员	产品B	189	1
13	N01002034	20	移动端	不详	广东	学生	产品B	189	1
14	N01002087	29	移动端	男	天津	学生	产品B	189	1
15	N01002027	19	PC端	女	广东	医务人员	产品A	299	1
16	N01002010	14	PC端	不详	浙江	医务人员	产品A	299	1
17	N01002084	28	PC端	女	浙江	个体经营	产品C	89	1
18	N01002130	31	移动端	女	天津	工人	产品A	299	1
19	N01002044	25	移动端	女	广东	学生	产品E	99	1
20	N01002108	28	移动端	男	浙江	学生	产品A	299	1
21	N01002033	21	移动端	女	浙江	学生	产品A	299	1
22	N01002049	18	PC端	男	天津	学生	产品A	299	1
23	N01002009	17	移动端	女	天津	公务员	产品D	569	1
24	N01002051	20	移动端	女	天津	教职工	产品A	299	1
25	N01002060	24	移动端	男	天津	个体经营	产品A	299	1
26	N01002042	53	移动端	男	河南	医务人员	产品D	569	1

图 10-23 客户数据

对客户的地域和性别进行分析，先统计各性别人数，如图 10-24 所示。不详表示未标注性别。

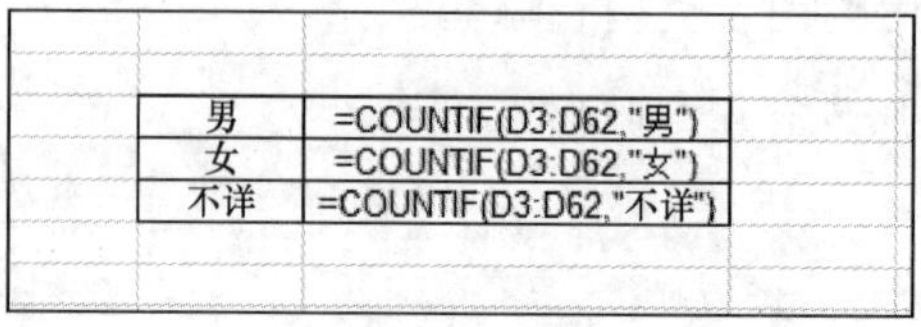

男	=COUNTIF(D3:D62,"男")
女	=COUNTIF(D3:D62,"女")
不详	=COUNTIF(D3:D62,"不详")

图 10-24 统计各性别人数

绘制饼图，展示各性别的占比情况。如图 10-25 所示，在 Excel 的菜单栏中单击"插入"→"饼图"，选择饼图的样式。在弹出的绘图区域，单击鼠标右键，在弹出界面中选择"选择数据"，如图 10-26 所示。

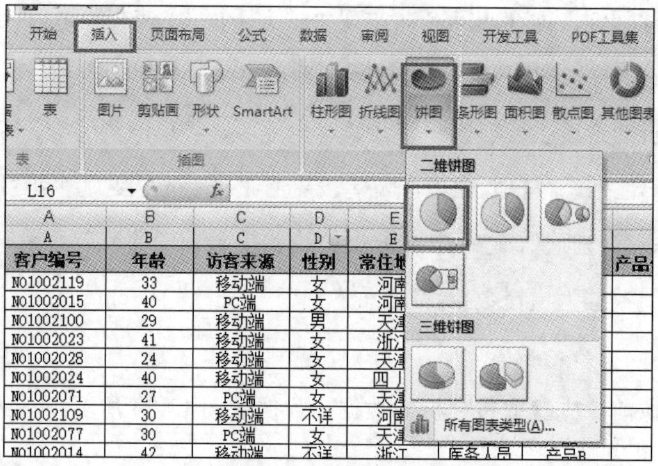

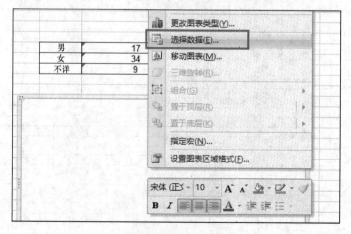

图 10-25 绘饼图

图 10-26 选择数据

选择统计好的性别信息和人数为饼图数据（如图 10-27 所示），得到的性别占比饼图如图 10-28 所示。

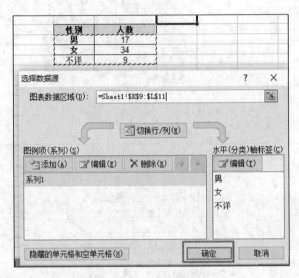

图 10-27　选择饼图数据

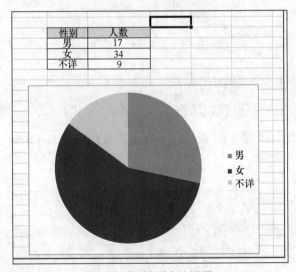

图 10-28　性别占比饼图

按照相同的方法，对客户的地域进行统计，并绘制地域人数分布饼图，得到的饼图如图 10-29 所示。

接下来对年龄进行分析。需要采用分组分析的方法对客户年龄进行分析，将分组设定为 1～18 岁、19～25 岁、26～30 岁、31～35 岁、36～40 岁、41～45 岁、46～50 岁、51 岁及以上，并统计各年龄段的人数，如图 10-30 所示。

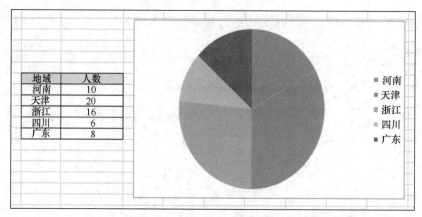

图 10-29　客户地域人数分布饼图

年龄	人数
1~18	3
19~25	12
26~30	22
31~35	7
36~40	7
41~45	6
46~50	1
51及以上	2

图 10-30　各所龄段人数情况

　　绘制柱状图展示各年龄段的统计情况。在菜单栏中单击"插入"→"柱状图"，选择合适的样式；在弹出的绘图区域单击鼠标右键，并在弹出的对话框中选择数据，分别选择年龄和人数作为柱状图的数据，如图 10-31 所示。最终得到的年龄统计柱状图如图 10-32 所示。

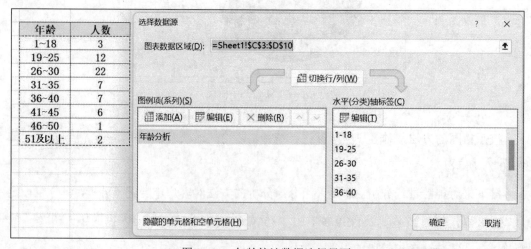

图 10-31　年龄统计数据选择界面

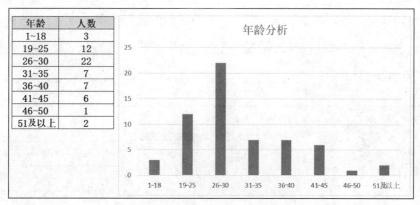

年龄	人数
1~18	3
19~25	12
26~30	22
31~35	7
36~40	7
41~45	6
46~50	1
51及以上	2

图 10-32 年龄统计柱状图

下面对职业进行分析。首先统计职业种类和各职业的人数，参考上面柱状图的绘制方式绘制职业统计结果，得到图 10-33 所示的职业统计柱状图。

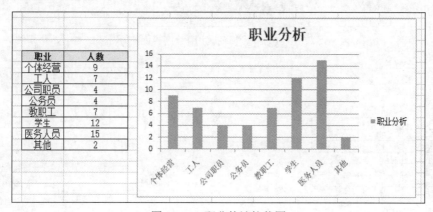

职业	人数
个体经营	9
工人	7
公司职员	4
公务员	4
教职工	7
学生	12
医务人员	15
其他	2

图 10-33 职业统计柱状图

对客户产品偏好、价格偏好进行分析。首先统计各类产品选购人数和产品价格，使用折线图展示产品信息。如图 10-34 所示，在菜单中单击"插入"→"折线图"，并选择合适的折线图样式。

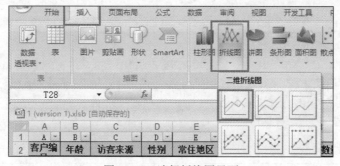

图 10-34 选择折线图界面

　　在弹出的绘图区域，单击鼠标右键，在弹出界面中选择数据。如图 10-35 所示，分别选择产品、选购人数、价格作为折线图的数据，最终得到一个产品、价格偏好的折线统计图，如图 10-36 所示。

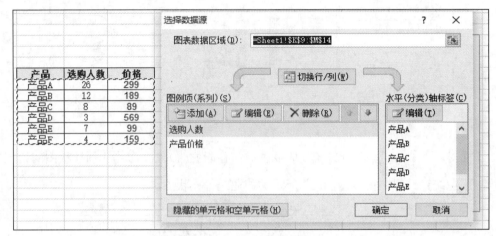

图 10-35　选择折线图数据界面

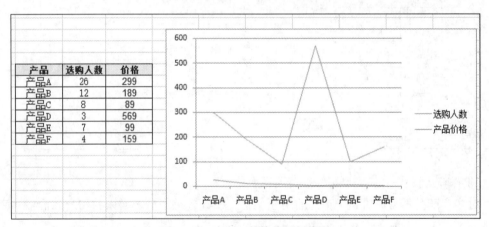

图 10-36　产品、价格偏好折线图

　　请大家结合以上分析结果完成表 10-2 的填写，包括客户画像、标签类型，方便企业日后管理客户数据。

表 10-2　客户画像

标签	客户画像	标签类型
地域		
性别		

续表

标签	客户画像	标签类型
年龄		
职业		
产品偏好		
职业偏好		

4．提交文档

根据以上内容撰写并提交一份 Word 格式的客户画像报告。

·管理篇·

项目十一　大数据安全与伦理

大数据安全与伦理是当今社会中两个非常重要的议题。大数据安全涉及如何确保大数据的保密性、完整性和可用性，以防止未经授权的访问、数据泄露和滥用。而大数据伦理关注的是在处理、分析和利用大数据时应遵循的道德原则和价值观。

本章主要内容如下。

（1）传统数据安全与大数据安全。

（2）大数据伦理相关概念、问题、产生原因与治理方式。

（3）大数据相关的法律法规。

（4）大数据安全与伦理的分析与各国的治理策略。

导读案例

案例 11　大数据光鲜背后的黑暗面

要点： 警惕"野蛮生长"！大数据光鲜背后的黑暗面——杀熟、偏见、歧视等。

2019 年 3 月，有网友爆料称自己在某网站购买机票时未立刻支付，前后仅仅几分钟，该网站先显示无票，后票价突然从 17000 元左右涨至接近 19000 元。同样机票在航空公司官网仅需 16000 元左右。这令当事人感觉自己被"大数据杀熟"了，并曝光到网上进行控诉。对此，该网站官方致歉并回应称，平台绝不存在任何"大数据杀熟"行为，只是发现新版本的机票预订程序存在 Bug，目前已做了紧急修复。许多网络平台都曾被曝光存在"杀熟"现象。

企业会使用大数据分析来筛选求职者。利用算法，雇主们可以从成千上万份申请简历中筛选出符合自己要求的求职者。雇主甚至会主动在网上寻找和招聘合适的人才，利用算法搜索潜在求职者的"数字足迹"，其中包括那些没有申请工作或没有积极寻找新工作的求职者。这些算法实际上并不能衡量一个人完成这项工作的能力，可能会导致雇主寻找与公司目前所拥有的员工相似的人，可能会使女性、少数民族或其他弱势群体被无意识地排除。

麻省理工学院研究人员发表的一项新研究成果指出，在特定情况下，Rekognition（亚马逊图像识别技术）无法可靠地辨别女性和深肤色人群。弗吉尼亚大学（University of Virginia）进行的另一项研究显示，ImSitu 和 COCO（两个知名的图像数据集）在描述体育、烹饪等活动时表现出性别偏见。例如，购物图片倾向于与女性相关联，教练图片则倾向于与男性相关联。

目前，大数据可谓是无处不在，其应用涵盖各行各业的方方面面。

11.1 大数据安全概述

11.1.1 传统数据安全

数据安全的实质是保护信息系统或信息网络中的数据资源免受各种类型的威胁、干扰和破坏，即保证数据的安全性。传统数据面临的安全威胁主要包括：首先，计算机病毒能影响计算机软件、硬件的正常工作，破坏数据的正确性与完整性，甚至导致系统崩溃等严重后果；其次，黑客攻击、入侵计算机操作系统、账号泄露、资料丢失、网页被篡改等也是数据安全中经常遇到的问题。此外，数据信息存储介质（如硬盘）的损坏，也会导致数据安全问题。

11.1.2 大数据安全与传统数据安全的不同

传统的信息安全理论重点关注数据作为资料的保密性、完整性和可用性，所面临的挑战是数据泄露、篡改、灭失等。而在大数据时代，通过共享、交易等流通方式，数据的质量和价值得到更大程度的实现和提升。数据动态利用逐渐走向常态化、多元化，这使得大数据安全表现出与传统数据安全不同的特征，具体来说有以下几个方面。

（1）大数据成为网络攻击的显著目标

在网络空间中，数据越多，受到的关注度越高，因此，大数据是更容易被发现的大目标。

（2）大数据加大隐私泄露风险

从大数据技术角度看，大数据时代具有海量数据的存储能力，存储的数据量可以达到拍字节（PB）级别。一旦数据保护机制被突破，将给企业带来不可估量的损失。

（3）大数据技术被应用于攻击手段

黑客会收集各种各样的信息，如社交网络信息、邮件信息、微博信息、电子商务信息、电话和家庭住址等，这些海量数据为黑客发起攻击提供了更多的机会。

（4）大数据成为可持续攻击的载体

在大数据时代，黑客往往将自己的攻击行为进行较好的隐藏，仅依靠传统的安全防护机制很难监测到这些攻击行为。因为传统的安全检测机制一般是基于单个时间点进行的基于威胁特征的实时匹配检测，而可持续攻击是一个实施过程，并不具备能够被实时检测出来的明显特征。

11.1.3　大数据安全问题

大数据安全不再是个人和企业层面的保护问题，更是深入涉及政治权力攫取的问题，直接影响社会稳定和国家政治安全。

（1）个人信息安全问题

个人身份、健康状况、个人信用、财产状况等信息属于隐私，使用设备、位置信息、电子邮件也是隐私，上网浏览情况、所用的 App、在网上参加的活动、发表的评论、阅读的帖子、点赞等也可能成为隐私。

人类进入大数据时代以来，数据泄露事件时有发生。2017 年 11 月，美国的 2 名黑客盗取了 5000 万人的姓名、电子邮件和电话号码，以及约 60 万名司机的姓名和驾照号码。2018 年 3 月，美国 Facebook 公司 5000 万用户隐私数据被泄露。在我国，数据泄露事件也时有发生。2018 年 6 月，一位 ID 为"f666666"的用户在暗网上兜售 10 亿条某快递公司的快递数据。

（2）国家安全问题

大数据作为一种社会资源，不仅给互联网领域带来变革，同时也给全球的政治、经济、军事、文化、生态等带来影响，已经成为衡量综合国力的重要标准。大数据事关国家主权和安全，必须加以高度重视。大数据已经成为国家之间博弈的新战场，如国防建设数据、军事数据、外交数据等极易成为网络攻击的目标。机密情报被窃取或泄露关系到整个国家的命运。

此外，自媒体平台成为影响国家意识形态安全的重要因素。自媒体又称"公民媒体"或"个人媒体"，包括博客、微博、微信公众号、抖音、百度官方贴吧、论坛等。自媒体的发展良莠不齐，一些自媒体平台上垃圾文章、低劣文章层出不穷。个别自媒体容易受到境外敌对势力的利用和渗透，成为民粹的传播渠道，削弱了国家主流意识形态的传播，对国家的主权安全、意识形态安全和政治制度安全都会产生很大的影响。

11.1.4 大数据安全的典型案例

（1）棱镜门事件

2013 年 6 月，斯诺登将美国国家安全局关于"棱镜计划"的秘密文档披露给了《卫报》和《华盛顿邮报》，引起世界关注。棱镜计划是一项美国国家安全局自 2007 年起实施的绝密电子监听计划，该计划的正式名号为"US-984XN"。

在该计划中，美国国家安全局和联邦调查局利用平台和技术上的优势，开展全球范围内的监听活动。对全世界重点地区、部门、公司进行布控甚至介入，监控范围包括信息发布、电子邮件、即时聊天消息、音/视频、图片、备份数据、文件传输、视频会议、登录和离线时间、社交网络资料的细节、部门和个人的联系方式与行动。这其中包括两个秘密监视项目，一个是监视、监听民众电话的通话记录，另一个是监视民众的网络活动。

（2）维基解密

维基解密是一个由国际性非营利组织创建的互联网媒体，专门公开匿名来源和网络泄露的文档。该网站成立于 2006 年 12 月，由阳光媒体运作。在成立一年后，网站宣称其数据库文档超过 120 万份。维基解密的目标是发挥最大的政治影响力。维基解密大量发布机密文件的做法使其饱受争议，支持者认为维基解密捍卫了民主和新闻自由，反对者则认为大量机密文件的泄露威胁了相关国家的国家安全，并影响国际外交。2010 年 3 月，一份由美国军方反谍报机构在 2008 年制作的军方机密报告称，维基解密网站的行为已经对美国军方机构的情报安全和运作安全构成严重威胁。这份机密报告称，该网站泄露的一些机密可能会影响美国军方在国内和海外的运作安全。

（3）某境外咨询调查公司秘密搜集窃取航运数据

2021 年 5 月，我国国家安全机关发现，某境外咨询调查公司通过网络、电话等方式，频繁联系我国大型航运企业、代理服务公司的管理人员，以高额报酬聘请行业咨询专家之名，与境内数名人员建立"合作"，指使其广泛搜集并提供航运基础数据、特定船只载物信息等。办案人员进一步调查掌握，相关境外咨询调查公司与所在国家间谍情报机关关系密切，承接了大量情报搜集和分析业务。境内人员所获的航运数据都提供给该国间谍情报机关。

（4）45 亿条国内快递信息遭泄露

2023 年 2 月 12 日，Telegram 查询机器人"sheg66 bot"爆出国内 45 亿条个人信息泄露。数据主要来自各快递平台、淘宝网、京东等购物网站，包含用户真实姓名、电话与住址等。据该机器人管理员提供的 Navicat 截图显示，数据大小为 435.35 GB。

（5）破解版 App 竟成手机窃听器

2023 年，某信息安全实验室对 10 余款常用的应用软件的破解版进行监测，发现一个视频 App 被额外嵌入了 3 款第三方插件。该 App 一运行就能"偷"走用户的 MAC 地址、手机识别码、电话卡识别码、手机操作系统识别码等关键识别信息。

11.2 大数据的伦理问题

在大数据时代，新技术在发挥巨大能量的同时，也带来了负面效应，如个人信息被无形滥用、生活隐私被窥探利用、数据安全的漏洞、信息垄断挑战公平等，由此引发的社会问题层出不穷，影响日趋增大，对当代社会秩序与人伦规范形成了严重冲击。人们必须高度重视这些新的伦理问题，并积极寻找行之有效的方案，努力引导技术为人类更好地谋福利。

11.2.1 大数据伦理的概念

这里的"大数据伦理问题"，指的是大数据技术的产生和使用引发的社会问题，是集体和人与人之间关系的行为准则问题。作为一种新的技术，大数据技术像其他技术一样，其本身是无所谓好坏的，而它的"善"与"恶"全然在于大数据技术的使用者想要通过大数据技术所要达到的目的。一般而言，使用大数据技术的个人、公司都有着不同的目的，由此导致了大数据技术的应用会产生或积极或消极的影响。

11.2.2　大数据的伦理问题分类

大数据伦理问题主要包括隐私泄露问题、数据安全问题、数字鸿沟问题、数据独裁问题、数据垄断问题、数据的真实可靠问题、人的主体地位问题等。

（1）隐私泄露问题

隐私伦理指人们在社会环境中处理各种隐私问题的原则和规范的系统化的道德思考。在对隐私伦理的辩护上，中西方学者是有所差异的。西方学者从功利论、义务论和德行论 3 种不同的伦理学说中寻求理论支撑，我国学者则强调，隐私问题实质上是个人权利问题。

进入大数据时代，就意味着进入一张巨大且隐形的监控网，人们时刻被暴露在"第三只眼"的监视之下，并留下一条永远存在的"数据足迹"。大数据时代的到来为隐私的泄露打开方便之门。康德哲学认为，当个体隐私得不到尊重的时候，个体的自由就将受到侵害。而人类的自由意志与尊严，正是作为人类个体的基本道德权利，因此，大数据时代对隐私的侵犯，也是对基本人权的侵犯。

（2）数据安全问题

个人产生的数据包括主动产生的数据和被动留下的数据，其删除权、存储权、使用权、知情权等本属于个人可以自主的权利，但在很多情况下难以保障安全。一些信息技术本身就存在安全漏洞，这可能导致数据泄露、伪造、失真等情况，影响数据安全。例如，人们在办公室就可以远程操控家里的摄像头、空调、门锁、电饭锅，这些物联网化的智能家居产品，为人们的生活增添了很多乐趣，提供了各种便利，营造出更加舒适温馨的生活氛围。但是，部分智能家居产品存在安全问题也是不争的事实，给用户的数据安全带来了极大的风险，造成用户隐私的泄露。例如，部分网络摄像头产品被黑客攻破，黑客可以远程随意查看相关用户的网络摄像头的视频内容。

（3）数字鸿沟问题

数字鸿沟是一个涉及公平公正的问题。在大数据时代，每一个人原则上都可以由一连串的数字符号来表示。在某种程度上来说，数字化的存在就是人的存在，因此，数字信息对于人来说就成为一个非常重要的存在。

每一个人都希望能够享受大数据技术带来的福利，而不只是某些国家、公司或者个人垄断大数据技术的相关福利。如果只有少部分人能够较好地占有并较完整地利用大数据信息，而另外一部分人难以接收和利用大数据资源，这将造成数据占有的不公平。而数据占有的程度不同，又会产生信息红利分配不公平等问题，加剧群体差异，导致社会矛盾加剧，因此，我们必须要思考解决数字鸿沟这一伦理问题，实现均衡而又充分的发展。

（4）数据独裁问题

所谓的"数据独裁"，指在大数据时代，数据量的爆炸式增长，导致判断和选择的难度增加，迫使人们必须完全依赖数据的预测和结论才能做出最终的决策。例如，电子商务通过挖掘个人数据，给个体提供精准推荐服务；政府通过个人数据分析制定切合社会形势的公共卫生政策；医院借助医学大数据提供个性化医疗。对功利性的追求驱使人们愈来愈依据数据来规范指导"理智行为"，此时不再是主体想把自身塑造成什么样的人，而是客观的数据显示主体是什么样的人，并在此基础上来规范和设计。数据不仅成为衡量一切价值的标准，还从根本上决定了人的认知和选择的范围，于是人的自主性开始丧失。过度依赖相关性，盲目崇拜数据信息，而没有经过科学的理性的思考，也会带来巨大的损失。在这种数据主导人们思维的情况下，最终将导致人类思维被"空心化"，进而是创新意识的丧失，还可能使人们丧失了人的自主意识、反思和批判的能力，最终沦为数据的奴隶。

（5）数据垄断问题

有些企业为了获取更高的经济利益，故意不进行数据信息的共享，将所有的数据信息掌握在自己的手中，进行大数据的垄断。一旦大数据企业形成数据垄断，就会出现消费者在日常生活中被迫地接受服务和提供个人信息的情况。

例如，人们在使用一些软件之前，会遇到选择同意提供个人信息的选项，如果选择不同意，就无法使用软件。这样的数据垄断行为对用户的个人利益造成了损害。因数据产生的垄断问题至少包括以下几类：一是数据可能造成进入壁垒或扩张壁垒；二是拥有大数据形成市场支配地位并滥用；三是因数据产品而形成市场支配地位并滥用；四是涉及数据方面的垄断协议；五是数据资产的并购。

（6）数据的真实可靠问题

如何防范数据失信或失真是大数据时代遭遇的基准层面的伦理挑战。例如，在基于大数据的精准医疗领域，建立在数字化人体基础上的医疗技术实践，其本身就预设了一条不可突破的道德底线——数据是真实可靠的。由于人体及其健康状态以数字化的形式被记录、存储和传播，因此形成了与实体人相对应的镜像人或数字人。失信或失真的数据，导致被预设为可信的精准医疗变得不可信。例如，如果有人担心个人健康数据或基因数据对个人职业生涯和未来生活造成不利影响，当有条件采取隐瞒、不提供或提供虚假数据来玩弄数据系统时，这种情况就可能出现，进而导致电子病历、个人健康档案不准确。

（7）人的主体地位问题

在万物皆数据的环境下，人的主体地位受到了前所未有的冲击，因为人本身也可以数据化，人的主体地位逐渐消失。然而，每个人都是独立且独一无二的个体，都有着仅属于自己的外在特征和内在精神世界。而在大数据环境中，个体被数字化，当人们想快速了解一个人的时候，不是通过和他交流相处，而是通过数据信息直观了解他的个人信息，从而对他的身份情况、相貌特征单方面下了简单的字面定义来辨识，如通过主体的网上购物爱好、交通信息、消费水平等来定义主体的基本信息，这就导致他真实的内心世界的想法无法被洞察，人格魅力被埋没。此外，通过大数据搜集到主体的基本信息以后，还可以有针对性地向主体推送广告。当主体时常收到类似有针对性的广告时，这并不是巧合，长此以往，主体的生活选择被固化，对自己生活圈以外的事物一无所知。

总体而言，互联网的使用在悄悄地对人们的生活习惯和行为活动进行塑造，而人们对这种塑造所带来的伦理问题还没有充分的自觉。

11.2.3 大数据伦理问题产生的原因

大数据伦理问题产生的原因是多方面的，主要包括如下几点。

（1）人类社会价值观的转变

从总体的发展趋势而言，人类社会的价值观一直朝着更加个性、自由、开放的方向发展。在个人追求自由和社会更加开放的大环境下，人们更加愿意在社会公众层面展示自己个性化的一面。但是，个人大量分享个性化信息的同时，个人隐私也就随之暴露给社会，从而使自己的身份权、名誉权、自由意志等都有可能受到侵害。

（2）数据伦理责任主体不明确

数据权属的不确定性和伦理责任主体的模糊性，给解决大数据相关的伦理问题增添了难度。在数据生成时，数据资产的所有权无法明晰，零散数据经过再加工和深加工后的大数据资产所有权归属、政府对用户信息的所有权，以及互联网公司再加工后的信息产权等都未进行明确规定。

（3）相关主体的利益牵涉

企业具有逐利的天然本性，大数据恰恰可以给企业带来巨大的商业价值。在利益的驱动下，企业可能有意无意地将法律抛诸脑后，或者巧妙利用法律漏洞，通过各种手段私自收集公民的个人信息，并向第三方开放共享，甚至肆意买卖公民的个人隐私信息，导致公民的隐私权、知情权受到严重侵害。此外，还有一些不法分子通过非法手段肆意窃取公民的个人信息并进行交易，使得网络诈骗等不法行为屡屡得逞。究其原因，都是利益的驱动。

（4）道德规范的缺失

大数据时代的开启，引发了一系列新的道德问题，原有的关于数据观、隐私权、网络行为规范等社会道德规范无法很好地适应大数据时代的新要求，已经不能有效地引导与制约大数据时代人们的社会价值观与社会行为。而符合大数据时代新要求的社会规范尚未建立，无法形成相应的约束力。

（5）法律体系不健全

大数据技术创新导致了与之前迥异的伦理问题，以致原有的法律法规已无法很好地解决大数据时代所产生的新伦理问题。此外，法律往往是反应式的，而非预见式的。法律与法规很少能预见大数据的伦理问题，而是对已经出现的大数据伦理问题做出反应。

（6）管理机制不完善

大数据伦理问题的产生也与社会管理机制建设的缺位密切相关。如果社会管理机制对那些缺乏社会责任感的、做出违反大数据技术伦理的企业不能给出严厉的惩罚，那么就会给社会产生一种不良导向，最终这种导向将被整合成一种群体行为，诱导更多的企业通过践踏技术伦理来获取大数据商业价值。我们应该在大数据技术的研究、开发和应用阶段建立相应的评估、约束和奖惩机制，有效减少大数据伦理问题的发生。

（7）技术乌托邦的消极影响

对于出现的数据独裁等伦理问题，技术乌托邦的消极影响是一个重要原因。技术乌托邦认为，人类决定着技术的设计、发展与未来，因此，人类可以按照自身的需求来创新科技，实现科技完全为人类服务的目的。正是在技术乌托邦的影响之下，一部分人认为大数据技术是完全正确的，不应加以任何的限制，它所涉及的伦理问题只是小问题，无关乎大数据技术发展。技术乌托邦所带来的消极影响是显而易见的，过分地迷信技术是危险的。而它所造成的价值错位之一，就是催发了技术中心主义，使人把所有的希望都寄托在技术之上，最终使得人类的思维被大数据主导，导致人类沦为"数据的奴隶"。

（8）大数据技术本身的缺陷

技术自身也是造成大数据技术伦理问题的一个根源。以数据安全伦理问题为例，日益增长的网络威胁正以指数级速度持续增加，各种网络安全事件层出不穷。据巴黎商学院的相关统计，59%的企业成为持续恶意攻击的目标；许多大数据企业的 IT 计划是建立在不够成熟的技术基础上的，很容易出现安全漏洞；有 25%的组织有明显的安全技能短缺。这些技术的不足，很容易导致数据泄露的危险。

11.2.4　大数据伦理问题的治理

就目前阶段而言，治理大数据伦理问题，可以从以下几个方面着手。

（1）提高保护个人隐私数据的意识

个人隐私数据与人们的利益是紧密相连的，因此，人们要努力提高保护个人隐私数据的意识，维护自己的合法权利。例如，在 QQ、微信、微博、抖音等社交软件/平台上谨慎发表信息，不要随意使用不明来路的 Wi-Fi。涉及身份证、银行卡等信息时，要格外小心，不要轻易泄露个人身份的关键信息等。

（2）加强大数据伦理规约的构建

为了防止大数据伦理问题的产生，需要在人的道德层面上制定大数据伦理规约，从全社会的层面来约束人们在大数据采集、存储和使用过程中的不当行为。首先，大数据应用过程中的个体参与者需要承担一定的责任，人们自身要具备数据保护意识。其次，企业作为大数据应用过程的重要参与者，有责任去保护用户的隐私数据。最后，政府要履行行政责任，加强监管，缩小数字鸿沟，促进社会公平正义，在使用大数据技术进行决策时需要兼顾个人的意志。

（3）努力实现以技术治理大数据

技术应用过程产生的问题，可以借助技术手段加以解决。加快技术创新有助于规避大数据的各种风险，降低大数据治理成本，提高大数据治理的效率。例如，目前比较有社会责任感的互联网企业正在开发和利用"数据的确定性删除技术""数据发布匿名技术""大数据存储审计技术"和"密文搜索技术"来解决大数据的伦理问题。

（4）完善大数据伦理管理机制

完善大数据伦理管理机制包括加强对专业人士的监管力度和教育、在大数据技术开发阶段建立伦理评估和约束机制、在大数据技术应用阶段建立奖惩机制，积极引导大数据技术主体产生特定的道德习惯，进而最终形成一种集体的道德自觉。此外，政府执法机构对大数据行业内不同运营商的指引进行严格核查，每个大数据企业公布的行业指引可能不尽相同，但该指引只有符合政府关于大数据的立法标准时才能被允许通过。大数据运营商应自觉主动地按照该指引要求的行为方式，规范自己对大数据信息的收集行为。

（5）完善大数据立法

在解决大数据伦理问题的过程中，一方面要借助伦理道德形成道德自律；另一方面要建立法律法规形成强制约束力，通过两者的结合来起到规范、约束和引导大数据行为主体行为的作用。应进一步完善大数据立法，以及在法律的基础上制定相关的规章制度，通过立法明确公民对个人数据信息的权利。公民应当对个人数据信息享有决定权、更正权、删除权、查询权等基本权利。

（6）引导企业坚持责任与利益并重

追求商业利益，是企业的天然本性，本身无可厚非。但是，当企业的利益和公民个人的利益冲突时，便要进行取舍。因此，大数据企业必须要坚持责任与利益并重的原则，切实承担起自己的社会责任，不能唯利是图。企业应当保护用户数据隐私，避免大数据技术被二次利用。掌握技术者有义务保护数据提供者的隐私信息，特别是掌握着海量用户信息的大型企业，更应当具备保护数据安全、保护用户隐私的责任意识。掌握技术的企业尽力为维护用户的个人隐私着想，企业才会得到用户的信任，赢得客户，打造互惠互利的社会关系，营造"共赢"局面。

（7）努力弘扬共享精神，化解数字鸿沟

数字鸿沟是大数据技术面临的一个世界性和人类性的价值伦理学难题。为了实现大数据时代的顺利发展，有必要对数字鸿沟进行伦理治理。要使大数据利益相关者都能够公平地参与和协作，关键在于要努力弘扬共享精神。如果无法真正实现大数据的共享，那么必然会导致出现数据割据和数据孤岛现象。

（8）倡导跨行业、跨部门合作

伦理学家、科学家、社会科学家和技术人员应建立更好的合作，实现跨行业、跨部门协同解决大数据伦理难题。我国已开始通过跨行业、跨部门来解决大数据的治理问题，主要的标志性事件是在 2016 年 6 月由国家自然科学基金委员会、复旦大学和清华大学主办召开的"大数据治理与政策"研讨会，会议邀请学术界、政府官员、企业代表就大数据的治理问题进行了探讨。大数据伦理问题治理的过程需要技术专家、数据分析专家、业务人员和管理人员的协同合作。

11.2.5 大数据伦理的典型案例

这里介绍一些大数据伦理问题的典型案例。

（1）大麦网撞库事件

所谓的"撞库"，就是黑客通过收集互联网已泄露的用户和密码信息，生成对应的字典表，尝试批量登录其他网站后，得到一系列可以登录的用户。很多用户在不同网站使用的是相同的账号和密码，因此黑客可以通过获取用户在 A 网站的账户来尝试登录 B 网站，这就可以理解为撞库攻击。简单来说，撞库攻击就是黑客凑巧获取了一些用户的数据（用户名、密码），将这些数据应用于其他网站登录系统。

2016 年，票务网站大麦网账号信息被窃取，间接导致全国多地用户受骗。不法分子冒充大麦网工作人员，以误操作、解绑为由，诱导大麦客户进行银行卡操作，骗取用户资金。据报道，在这次事件中，造成经济损失的用户数量为 39 人，总金额达 147 万多元。

（2）隐性偏差问题

大数据时代不可避免地会出现隐性偏差问题。美国波士顿市政府曾推出一款手机 App，鼓励市民通过 App 向政府报告路面坑洼情况，借此加快路面维修进展。但这款 App 的使用却因老年人使用智能手机占比偏低而导致老人步行受阻的一些小型坑洼长期得不到及时处理。很显然，在这个例子中，具备智能手机使用能力的群体相对于不会使用智能手机群体而言，前者具有明显的优势，可以及时把自己群体的诉求表达出来，获得关注和解决，而后者的诉求无法及时得到响应。

（3）百度推广医疗事件

在使用百度搜索引擎搜索关键词时，不管用户是否接受，返回的搜索结果中总会包含一些百度推广给出的营销内容。魏则西事件更是让百度的这一营销做法备受争议。魏则西事件指 2016 年 4 月至 5 月初在互联网引发网民关注的一起医疗相关事件。2016 年 4 月 12 日，21 岁的魏则西因滑膜肉瘤病逝。他去世前在知乎网站撰写治疗经过时称，通过百度搜索找到了排名靠前的某医院的生物免疫疗法，随后在该医院治疗后致病情耽误。此后他了解到，该技术已被淘汰。由此众多网友质疑百度推广提供的医疗信息有误导之嫌，耽误了魏则西的最佳治疗时机，最终导致魏则西失去生命。百度利用自己对网页数据的垄断地位，在向网民呈现搜索结果时，并不是按照信息的重要性来对搜索结果进行排序，而是把一些百度推广的营销内容放在了搜索结果页面的显著位置。

（4）"信息茧房"问题

现在的互联网，基于大数据和人工智能的推荐应用越来越多、越来越深入。每一个应用软件的背后都有一个庞大的团队，时时刻刻在研究人们的兴趣爱好，然后推荐人们喜欢的信息来迎合使用者的需求。久而久之，人们一直被"喂食"着经过智能化筛选推荐的信息。这导致人们被封闭在一个"信息茧房"里面，看不见外面丰富多彩的世界。

日常生活中使用的今日头条等手机 App 就是典型的代表。今日头条是一款基于数据挖掘的推荐引擎产品，为用户推荐有价值的、个性化的信息，提供连接人与信息的新型服务。今日头条的本质是：人与信息的连接服务，依靠的是数据挖掘，提供的是个性化有价值的信息。用户在今日头条产生阅读记录以后，今日头条就会根据用户的记录，不断推荐用户喜欢的内容供用户观看，把用户不喜欢的内容高效地屏蔽了，使用户永远看不到他不感兴趣的内容。于是，在今日头条中，人们的视野被局限在一个非常狭小的范围内，人们关注的那一方面内容就成了一个"信息茧房"。对于"信息茧房"外面的一切，人们很难通过该 App 知晓。

11.3 大数据相关法律法规

11.3.1 我国数据安全法律体系

当前，我国数据安全法律体系形成了以《中华人民共和国国家安全法》（以下简称《国家安全法》）为总纲，《中华人民共和国网络安全法》（以下简称《网络安全法》）、《中华人民共和国数据安全法》（以下简称《数据安全法》）和《中华人民共和国个人信息保护法》（以下简称《个人信息保护法》）3 部法律为基础的法律监管体系，并以一些部门、行业规章和政策性文件等作为补充的体系架构，如图 11-1 所示。

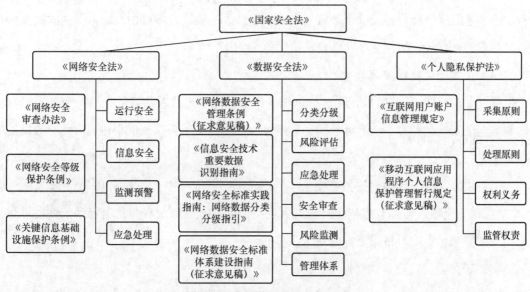

图 11-1　我国数据安全法律体系

此外，地方层面，目前已有 18 个省市自治区公布了相关数据条例。贵州、天津、海南、山西、吉林、安徽、山东、福建、黑龙江和辽宁出台了大数据条例，深圳、上海、重庆和浙江出台了数据条例。此外，四川、广西、江西、河南等地公布了相关数据条例的草案。如《贵州省大数据发展应用促进条例》《福建省大数据发展条例》《浙江省公共数据条例》《深圳经济特区数据条例》《上海市数据条例》等。

11.3.2　《数据安全法》实施的重大意义

（1）数据的监管实现了有法可依

随着近些年数据安全热点事件的出现，如数据泄露、勒索病毒、个人信息滥用等，都表明人们对数据保护的需求越发迫切，因此有必要单独出台一部针对数据安全保障领域的法律来加强对数据的监管。

（2）提升了国家数据安全保障能力

数据安全是国家安全的重要组成部分，目前随着"大物云智移"等新技术的使用，全场景、大规模的数据应用对国家安全造成严重的威胁，因此，为有效提升数据安全的保障能力，需要一部法律来有效维护数据安全。

（3）促进了数字经济发展创新

数据作为在数字经济时代的关键生产要素，其自身具有很大的经济价值，该法律的发布，标志着国家鼓励数据依法合理有效利用，保障数据依法有序自由流动，促进以数据为关键要素的数字经济发展。

（4）扩大了数据保护范围

《数据安全法》所称数据，指任何以电子或者非电子形式对信息的记录，包括电子数据和非电子形式的数据。这就对数据安全保障的范围提出了更广泛的要求，同时对数据的保护也更加完善。

（5）以数据开发利用促进数据安全

《数据安全法》鼓励数据依法合理有效利用，保障数据依法有序自由流动，促进以数据为关键要素的数字经济发展，增进人民福祉。

（6）深化数据安全体制建设

在大数据时代背景下，政务、社会、城市数字化转型快速发展。依据《数据安全法》建立数据安全管理制度，能够明确数据责任主体，从统一化和可落地性出发，结合现有数据业务建设需求和建设情况全面优化管理体制，从而为我国数字化转型的健康发展提供法治保障，为构建智慧城市、数字政务、数字社会提供法律依据。

11.3.3　大数据相关法律法规的典型案例

（1）瑞典数据保护局命令 4 家公司停止违法使用 Google Analytics 将数据传输到美国

Google Analytics（界面如图 11-2 所示）是一种用于测量和分析网站流量的工具。近日，瑞典数据保护局基于投诉对其国内的 CDON、Coop、Tele2 和 Dagens Industri 这 4 家公司进行了调查，以审查这些公司通过 Google Analytics 将个人数据传输到美国的行为。根据欧盟推动的通用数据保护条例（General Data Protection Regulation，GDPR）第 4 条，"个人数据是指与识别或可识别自然人（数据主体）有关的任何信息；可识别自然人是指可以直接或间接地识别该自然人，特别是参考诸如姓名、身份证统一编号、位置信息、网络识别码，以及一个或多个该自然人的身体、生理、基因、心理、经济、文化或社会认同等具体因素的识别工具。"这些企业通过 Google Analytics 处理了用户的 IP 地址和 Cookie 等数据，给用户分配了唯一标识符，并传输给美国。瑞典数据保护局认为这些数据属于个人数据，因为这些数据可以与其他可识别身份的数据相关联。根据审查结果，瑞典数据保护局对 Tele2 处以 1200 万瑞典克朗（1 元=1.493 瑞典克朗，2024 年 7 月）的行政罚款，对 CDON 处以 30 万瑞典克朗的行政罚款。

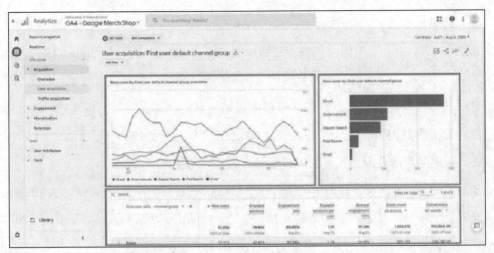

图 11-2　Google Analytics 界面

（2）"史上最高罚单"凸显欧美数据保护之争愈演愈烈

欧盟在 2023 年 5 月 21 日给元宇宙平台公司开出 13 亿美元（1 美元=7.2591 元，2024 年 7 月）罚单，创下历史最高纪录。因为它发现这家公司的母公司将用户数据从欧洲传输到美国，违反了欧盟的隐私保护法。美国《华盛顿邮报》网站 2023 年 5 月 22 日的一篇报道称，爱尔兰数据保护委员会要求元宇宙平台公司暂停一切向美国传输欧盟和欧洲经济区——包括非欧盟国家冰岛、列支敦士登和挪威——用户个人数据的做法。这是欧盟迄今为止开出的最大罚单，超过了此前对亚马逊公司开出的 8.87 亿美元罚款。报道称，对于此次处罚，元宇宙平台公司全球事务总裁尼克·克莱格和公司首席法律官珍妮弗·纽斯特德在一份声明中提到：这一决定是有问题的、不公正的，给需要在欧盟和美国之间传输数据的其他不计其数的企业开创了危险先例。

（3）李某等人私自架设气象观测设备，采集并向境外传送敏感气象数据

2021 年 3 月，国家安全机关人员工作时发现，我国某重要军事基地周边建有一可疑气象观测设备，具备采集精确位置信息和多类型气象数据的功能，所采集数据直接传送至境外。国家安全机关调查掌握，有关气象观测设备由李某在网上购买并私自架设，类似设备已向全国多地售出 100 余套，部分被架设在重要区域周边，有关设备所采集数据被传送到境外某气象观测组织的网站。该境外气象观测组织实际上由某国政府部门以科研之名发起成立，该部门的一项重要任务就是搜集分析全球气象数据信息，为其军方提供服务。国家安全机关会同有关部门联合开展执法，责令有关人员立即拆除设备，消除了风险隐患。

（4）某银行涉嫌 23 项违法行为，被罚 764 万元

2023 年 1 月 30 日，中国人民银行福州中心支行公布福银罚决字〔2023〕10 号行政处罚决定书，对厦门某银行违反个人金融信息保护规定、违反信息披露管理规定，向金融信用信息基础数据库提供个人不良信息未事先告知信息主体本人等 23 项违法行为予以警告，没收违法所得 767.17 万元，并处罚款 764.6 万元的行政处罚。

（5）首例"非法获取公民车辆位置信息"案宣判

2023 年 3 月 24 日全国首例全链条打击"非法获取公民车辆位置信息"案，在南京市鼓楼区人民法院公开开庭审理并当庭宣判。被告人黄某伦、李某两人，明知他人从事非法寻车业务，仍制作、提供"JTC"等程序并从中牟利，因犯侵犯公民个人信息罪分别被判处有期徒刑四年十一个月和三年三个月。

11.4 分析与治理策略

11.4.1 数据安全与隐私保护

大数据时代，可以从以下几个方面加强数据安全与隐私保护。

（1）从国家法制层面进行管控

目前国内涉及数据安全和隐私保护的有《民法典》《中华人民共和国刑法修正案》《网络安全法》，以及《互联网个人信息安全保护指南》《全国人民代表大会常务委员会关于加强网络信息保护的决定》《电信和互联网用户个人信息保护规定》等。从国家法律层面来讲，为顺应大数据时代发展趋势，还需要进一步细化和完善对个人信息安全的立法，出台相应的细化标准与措施。

（2）从企业端源头进行遏制

企业是个人数据搜集、存储、使用、传播的主体，因此要从企业端进行遏制、规范。除了要遵循国家法律法规的约束之外，企业应积极采取措施加强和完善对个人数据的保护，不能过度收集个人数据，避免因个人数据的不当使用和泄露而对多方造成损失。

（3）提高个人意识，应用安全技术

生活在大数据时代下的每一个人，都应该主动去学习这方面的知识，了解大数据时代下可能会存在的一些关于个人隐私泄露的风险，从而学会如何去保护自己的隐私数据不被

泄露。同时还要加强个人日常生活中的安全意识，如保护密码等敏感信息，不在社交平台上发布个人定位信息，不要连接未知 Wi-Fi 进行支付等重要操作等。

11.4.2　世界各国保护数据安全的实践

大数据时代的到来，数据无疑是企业和个人最重要的资产。随着各国对大数据安全重要性认识的不断加深，包括美国、英国、澳大利亚、欧盟和我国在内的很多国家和组织，都制定了大数据安全相关的法律法规和政策来推动大数据利用和安全保护。

（1）美国

美国法制框架下目前最具风向标色彩的立法动向莫过于 2018 年 6 月 28 日由加利福尼亚州州长签署公布、于 2020 年 1 月 1 日起正式施行的《2018 年加利福尼亚州消费者隐私保护法案》，该法案旨在改变企业在这个人口众多的州进行数据处理的方式。法案一经生效，包括 Google 和 Facebook 在内的科技公司将面临非常严格的隐私保护要求，例如披露其收集的关于消费者的个人信息的类别和具体要素、收集信息的来源、收集或出售信息的业务目的，以及与之共享信息的第三方类别等。该法案的公布是美国隐私法律发展的一个里程碑，它表明人们高度关注隐私，立法者也将采取行动保护隐私。

（2）欧盟

GDPR 由欧盟于 2016 年 4 月推出，并于 2018 年 5 月 25 日正式生效，目的在于遏制个人信息被滥用，保护个人隐私。GDPR 在欧盟法律框架内属于"条例"，已经在欧洲议会（下议院）和欧盟理事会（上议院）通过，可以直接在各欧盟成员国施行，不需要各国议会通过。目前欧盟有 27 个成员国，5 亿多人可以直接得到 GDPR 的保护。值得一提的是，英国也同样批准了 GDPR，并且同样从 2018 年 5 月 25 日开始正式推行。

GDPR 对个人用户在隐私数据方面享有的权利做了非常详尽的说明。

查阅权：用户可以向企业查询自己的个人数据是否在被处理和使用、使用的目的、收集的数据类型等。这项规定主要是保障用户在个人隐私方面的知情权。

被遗忘权：用户有权要求企业把自己的个人数据删除，如果资料已经被第三方获取，用户可以进一步要求他们删除。

限制处理权：如果用户认为企业收集的个人数据不准确，或者使用了非法的处理手段，但用户又不想删除数据，可以要求限制企业对个人数据的使用。

数据移植权：数据移植权比较好理解，用户从一家企业转投另一家企业时，可以要求把个人数据带过去。前面一家企业需要把用户数据以直观的、通用的形式给用户。

（3）中国

作为"数据大国"，为了应对数据安全问题，目前我国大数据安全领域顶层制度设计已经基本完成，配套制度正在不断推进，相关执法实践也逐步走向常态化，诉讼案例逐渐丰富。整体来看，我国的大数据安全管理体系正在逐步完善。我国应对大数据安全的主要举措包括以下几项。

加强顶层设计，引领大数据安全发展。我国高度重视大数据发展，在安全与发展双重领域都加强了顶层设计。国家先后出台了《关于促进云计算创新发展培育信息产业新业态的意见》《关于运用大数据加强对市场主体服务和监管的若干意见》《促进大数据发展行动纲要》等一系列大数据发展规划、产业政策和实施方案。

健全政策法规，防范大数据安全风险。针对数据安全，我国加快立法进程。2016 年 11 月，国家颁布了《网络安全法》。针对网络突发事件的预防与应急，国家先后出台了《中华人民共和国突发事件应对法》《中华人民共和国电信条例》《全国人民代表大会常务委员会关于加强网络信息保护的决定》《电信和互联网用户个人信息保护的规定》《国家网络安全事件应急预案》等法律法规和涉及数据保护的部门规章，为保障大数据安全奠定了制度基础。国家《促进大数据发展行动纲要》，明确将"强化安全保障，提高管理水平，促进健康发展"列为三项主要任务之一。

构建标准体系，引领大数据规范发展。自 2017 年起，我国先后发布了多个版本的《大数据安全标准化白皮书》，从法规、政策、标准和应用等角度，勾画了我国大数据安全的整体轮廓，综合分析了大数据安全标准化需求、所面临的安全风险和挑战，制定了大数据安全标准化体系框架，提出了开展大数据安全标准化工作的建议。2019 年，我国发布了《信息安全技术 大数据安全管理指南》国家标准（GB/T 37973—2019），这标志着我国大数据标准化迈上一个新台阶，为我国后续的大数据安全工作提供指导。

（4）其他国家

为确保数据安全，世界主要国家对数据的重视提到前所未有的高度。德国于 2002 年通过《联邦数据保护法》，并于 2009 年进行修订。《联邦数据保护法》规定，信息所有人有权获知自己哪些个人信息被记录、被谁获取、用于何种目的，私营组织在记录信息前必须将这一情况告知信息所有人，如果某人因非法或不当获取、处理、使用个人信息而对信息所有人造成伤害，此人应承担责任。澳大利亚政府于 2012 年 7 月发布了《信息安全管理指导方针：整合性信息的管理》，为大数据整合中所涉及的安全风险提供了最佳管理实践指导。印度于 2012 年批准国家数据共享和开放政策，促进政府拥有的数据和信息得到共享和使用，还拟定一个非共享数据清单，保护国家安全、隐私、机密、商业秘密和知识产权等数据的安全。新加坡于 2012 年公布《个人数据保护法》，旨在防范对国内数据和源于境外的个人资料的滥用行为。英国在《开放数据白皮书》中专门针对个人隐私保护进行规范。

日本于 2015 年 4 月 23 日审议《个人信息保护法》和《个人号码法》的修正案，以推动并规范大数据的利用。此外，日本公布了《创建最尖端 IT 国家宣言》，明确阐述了开放公共数据和大数据保护的国家战略。韩国于 2013 年对个人信息领域的限制做出适当修改，制定了以促进大数据产业发展，并兼顾对个人信息保护的数据共享标准。俄罗斯 2015 年实行新法规定，互联网企业需将收集的俄罗斯公民信息存储在俄罗斯国内。巴西于 2013 年 9 月出台规定，强制要求所有巴西境内运作的企业，必须将有关巴西人的数据存储在巴西国内，并要求在巴西提供永久网络、电子邮箱及搜索引擎等服务的外国互联网公司，都必须在巴西本土建立数据中心。

讨论 人脸识别如何兼顾个人隐私保护和社会应用？

"扫码"与"刷脸"现在已经是日常生活中的常态。2019 年 4 月，浙江杭州市民郭某花费 1360 元，购买了一张杭州野生动物世界"畅游 365 天"的双人卡，并确定以指纹识别方式入园游览。同年 10 月，园方将指纹识别升级为"刷脸"入园，并要求用户录入人脸信息，否则将无法入园。"刷脸"认证在大多数人看来就是对着手机点点头、眨眨眼的事儿，但郭某认为人脸信息属于高度敏感个人隐私，杭州野生动物世界无权采集，因此他不接受人脸识别，要求园方退卡。园方则认为，从指纹识别升级为人脸识别，是为了提高效率。双方协商无果，郭某一纸诉状将杭州野生动物世界告上了法庭。

2021 年 4 月 9 日，浙江省杭州市中级人民法院就原告郭某与杭州野生动物世界有限公司（即杭州野生动物世界）服务合同纠纷二审案件依法公开宣判，认定杭州野生动物世界刷脸入园存在侵害郭某面部特征信息之人格利益的可能与危险，应当删除，判令杭州野生动物世界删除郭某办理指纹年卡时提交的包括照片、指纹在内的识别信息。

习　题

11-1　请列举大数据安全问题的实例。

11-2　请列举大数据伦理的相关实例。

11-3　请阐述"信息茧房"的概念。

11-4　请阐述大数据时代数据安全与隐私保护的对策。

11-5　请阐述我国在保护数据安全方面的具体做法。

11-6　请阐述如何开展大数据伦理问题的治理。

参考文献

[1] 林子雨. 大数据导论：数据思维、数据能力和数据伦理[M]. 北京：高等教育出版社, 2020.

[2] 张玉宏. 大数据导论：通识课版[M]. 北京：清华大学出版社, 2021.

[3] 张尧学. 大数据导论[M]. 北京：机械工业出版社, 2019.

[4] 张丽娜, 周苏. 大数据导论[M]. 北京：电子工业出版社, 2020.

[5] 姚培荣. 大数据基础[M]. 北京：中国人民大学出版社, 2021.

[6] 魏进锋. 一本书读懂 ChatGPT[M]. 北京：电子工业出版社, 2023.

[7] 单凤儒. 论大数据时代企业经营者社会资本培育机制创新：以生活为媒介的"双网"渗透培育机制探究[J]. 中国软科学, 2014(06): 81-97.

[8] 甘容辉, 何高大. 大数据时代高等教育改革的价值取向及实现路径[J]. 中国电化教育, 2015(11): 70-76, 90.

[9] 罗玮, 罗教讲. 新计算社会学：大数据时代的社会学研究[J]. 社会学研究, 2015, 30(03): 222-241, 246.

[10] 何明. 大数据导论：大数据思维、技术与应用[M]. 2 版. 北京：电子工业出版社, 2022.

[11] 金大卫. 大数据分析导论[M]. 2 版. 北京：清华大学出版社, 2022.

[12] 程显毅, 任越美. 大数据技术导论[M]. 2 版. 北京：机械工业出版社, 2022.

[13] 卞集. 大数据时代的思维变革[J]. 大飞机, 2017(11):5.

[14] 陈禹壮. 大数据思维探析[J]. 电子科技与软件工程, 2018(07):186.

[15] 陈秋云. 大数据的思维方法及其科技创新启示[J]. 产业创新研究, 2023(08):19-21.

[16] 谢志燕. 以思维方式的转变拥抱大数据时代的到来[J]. 安徽冶金科技职业学院学报, 2018(03): 107-109.

[17] 赵兴芝, 臧丽, 朱效丽, 等. 云计算概念、技术发展与应用[J]. 电子世界, 2017(03): 193-194.

[18] 张伟宏, 黄麟, 曹胜永, 等. 试论云计算环境中的计算机网络安全问题及对策[J]. 移动信息, 2023(01): 196-198.

[19] 关静. 云计算、大数据、物联网的发展及三者关系研究[J]. 信息系统工程, 2021(04): 135-137.

[20] 白萍. 云计算与物联网技术结合的数据挖掘分析[J]. 互联网周刊, 2023(03): 84-86.

[21] 范芳东. 云计算及其关键技术[J]. 电脑知识与技术, 2021(23): 130-131.

[22] 李菊芬, 范晶荣, 邱薇. 物联网技术背景下的智慧交通系统建设与发展[J]. 交通科技与管理, 2021(08): 1-2.

[23] 李滢. 智慧城市中大数据时代下物联网技术的运用[J]. 互联网周刊, 2023(01): 74-76.

[24] 杨音. 互联网时代下的智能家居在未来居住室内空间设计中的应用与发展研究[J]. 上海包装, 2023(01): 84-86.

[25] 田旺. 物联网关键技术的开发现状及应用前景[J]. 通信电源技术, 2023(01): 140-142.

[26] 牛建. 物联网与大数据的新思考[J]. 高科技与产业化, 2020(23): 22-24.

[27] 许雪晨, 田侃, 李文军. 新一代人工智能技术：发展演进、产业机遇及前景展望[J]. 产业经济评论, 2023(07): 22-37.

[28] 邵昱. ChatGPT 工作原理及对未来工作方式的影响[J]. 通信与信息技术, 2023(04): 113-117.

[29] 王铁胜. 计算机视觉技术的发展及应用[J]. 信息系统工程, 2022(04): 63-66.

[30] 程增木. 特斯拉自动驾驶软件系统解析[J]. 汽车维修与保养, 2022(01): 33-35.

[31] 蒋昌俊. 大智能：大数据+大模型+大算力[J]. 高科技与产业化, 2023(05): 16-19.

[32] 杨晨. 浅谈数据库技术在大数据中的应用[J]. 自然科学（全文版）, 2016(10): 246-247.

[33] 李盼. 智能家居控制终端的设计与实现[D]. 北京：北京邮电大学, 2016.

[34] 陈勇进, 罗淇雯. 以 AI 相伴, 智启未来！智慧生活新"享"法[J]. 厦门科技, 2022(01): 2.

[35] 丁海涛. 基于用户画像的个性化搜索推荐系统[J]. 电子技术与软件工程, 2020: 96-104.

[36] 周建芳. 政府引领　学界助力　共促智慧养老科学发展[J]. 人口与社会, 2022, 38(04): 1-2.

[37] 王继祥. 物流互联网与智慧物流系统发展趋势[J]. 物流技术与应用, 2015, 20(03): 1007-1059.

[38] 周倩. 基于电子商务下智慧城市的自动物流配送体系[J]. 电子技术与软件工程, 2019(21): 2.

[39] 杨龙如. 推进数据架构转型及智能化应用[J]. 中国金融, 2020(09): 3.

[40] 俞枫, 苑博, 叶小同. 大数据技术在金融行业风险控制中的应用探讨[J]. 新经济, 2016(36): 52-53.

[41] 祁旭阳, 林天华, 张倩倩. 金融大数据研究与应用进展综述[J]. 时代金, 2019(34):4.

[42] 史鸣奇. 大数据在健康医疗领域的应用发展研究[J]. 科技视界, 2017(07): 11-12.

[43] 周红波. 基于互联网医疗的企业健康管理服务应用场景[J]. 信息记录材料, 2022(05): 23.

[44] 管世俊, 殷伟东, 黄钊. 基于大数据共享的区域健康服务平台研究[J]. 医疗卫生装备, 2018, 39(01): 4.

[45] 张习梅, 杨露, 南原. 疾病预警在健康大数据管理平台中的应用[J]. 医学信息学杂志, 2021, 42(02): 5.

[46] 李美莹. 大数据在城市规划中的应用研究[J]. 现代营销, 2019(04): 154-155.

[47] 霍英, 李小帆, 丘志敏, 等. 基于大数据的网络数据采集研究与实践[J]. 软件工程, 2023(04): 28-32.

[48] 闫语. 基于网络爬虫的观影大数据采集和分析[J]. 电子技术与软件工程, 2023(03): 238-241.

[49] 周党生. 大数据背景下数据预处理方法研究[J]. 山东化工, 2020(01): 110-111, 122.

[50] 胡德骄, 王震, 罗铁威, 等. 面向大数据应用的大容量全息光存储技术研究进展[J]. 中国激光, 2023(08): 29-35.

[51] 李瑞青. 大数据环境下云存储数据安全探析[J]. 数字技术与应用, 2023(06): 228-230.

[52] 黑马程序员. 数据可视化[M]. 北京：人民邮电出版社, 2021.

[53] 王文, 周苏. 大数据可视化[M]. 北京：机械工业出版社, 2022.

[54] 朱晓峰, 吴志祥. 数据可视化导论[M]. 北京：机械工业出版社, 2022.

[55] 程显毅. 大数据技术导论[M]. 北京：机械工业出版社, 2020.

[56] 袁丽娜. 大数据技术实战教程[M]. 大连：大连理工大学出版社, 2019.

[57] 曾国苏, 曹洁. Hadoop+Spark 大数据技术[M]. 北京：人民邮电出版社, 2022.

[58] 庞明礼, 王晓曼, 于珂. 大数据背景下科层运作失效了吗？[J]. 电子政务, 2020(01): 65-75.

[59] 张小晖, 郝洁. 智能化、可视化的大数据治理体系的研究与应用[J]. 数字技术与应用, 2020, 38(02): 27, 29.

[60] 张锋军, 杨永刚, 李庆华, 等. 大数据安全研究综述[J]. 通信技术, 2020, 53(05): 1063-1076.

[61] 罗尔夫·韦伯. 互联网环境中的伦理[J]. 信息安全与通信保密, 2017(01): 28-37.

[62] 康胜, 曲彩红. 大数据时代新型伦理研究[J]. 中国管理信息化, 2020, 23(10): 192-195.